爆笑植物爱群聊

瞌睡群：植物也"犯困"

刘海明 著
夏欣然 绘

天地出版社 | TIANDI PRESS

图书在版编目（CIP）数据

爆笑植物爱群聊 / 刘海明著；夏欣然绘. — 成都：
天地出版社，2024.4
ISBN 978-7-5455-8062-4

Ⅰ.①爆… Ⅱ.①刘…②夏… Ⅲ.①植物—儿童读
物 Ⅳ.①Q94-49

中国国家版本馆CIP数据核字（2023）第247622号

BAOXIAO ZHIWU AI QUNLIAO

爆笑植物爱群聊

出 品 人	杨　政	
著　　者	刘海明	
绘　　者	夏欣然	
总 策 划	陈　德	
策划编辑	王　倩	刘静静
责任编辑	王　倩	刘静静
美术编辑	周才琳	
营销编辑	魏　武	
责任校对	张月静	
责任印制	刘　元	葛红梅

出版发行　天地出版社
　　　　　（成都市锦江区三色路238号　邮政编码：610023）
　　　　　（北京市方庄芳群园3区3号　邮政编码：100078）
网　　址　http://www.tiandiph.com
电子邮箱　tianditg@163.com
经　　销　新华文轩出版传媒股份有限公司

印　　刷　北京瑞禾彩色印刷有限公司
版　　次　2024年4月第1版
印　　次　2024年4月第1次印刷
开　　本　710mm×1000mm 1/16
印　　张　18
字　　数　272千字
定　　价　100.00元（全4册）
书　　号　ISBN 978-7-5455-8062-4

目录 contents

瞌睡群：植物也犯困
没有事情是睡一觉解决不了的

吃肉群：植物竟然也吃肉
这些植物"无肉不欢"

运动群：植物也爱做运动
生命在于运动，动一动更健康

拉屁屁群：植物也会"拉屁屁"
真的吗？这竟是植物的"屁屁"

瞌睡羊：植物也犯困

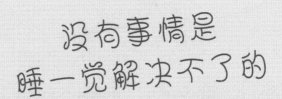

没有事情是睡一觉解决不了的

俗话说："春困秋乏夏打盹，睡不醒的冬三月。"我们每个人都需要睡觉，动物也是。可是，你发现了没有，不管白天还是黑夜，植物都站在那里，难道它们不需要睡觉吗？

其实，早在19世纪，英国博物学家达尔文就发现了植物也会睡觉这个秘密，只是它们睡觉的样子和我们不一样。有些植物是用叶子睡觉——当它们的叶子收拢起来，它们就是在睡觉了。当然，也有一些植物是用花朵睡觉。植物睡觉的时间也不一样：有些植物在白天睡，有些则在晚上睡，还有的一睡就是好几个月。

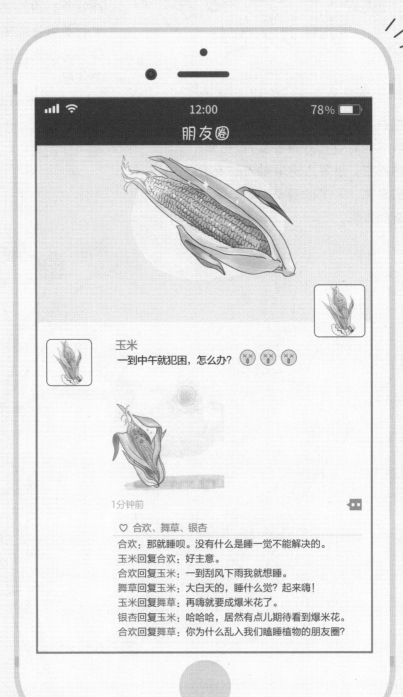

玉米
一到中午就犯困，怎么办？

1分钟前

♡ 合欢、舞草、银杏

合欢：那就睡呗。没有什么是睡一觉不能解决的。
玉米回复合欢：好主意。
合欢回复玉米：一到刮风下雨我就想睡。
舞草回复玉米：大白天的，睡什么觉？起来嗨！
玉米回复舞草：再嗨就要成爆米花了。
银杏回复玉米：哈哈哈，居然有点儿期待看到爆米花。
合欢回复舞草：你为什么乱入我们瞌睡植物的朋友圈？

尴尬植物的游戏日

我的名字叫**玉米**，当然也有人叫我苞谷、珍珠米、苞米。我总是对自己严格要求，行得端、站得正。世界上很多地方都有我的足迹。人类的餐桌上也少不了我的身影。

我叫合欢，名字是不是很好听？因为我的名字在中文里有着吉祥的寓意，所以人们都很喜欢我，把我种在庭院、园林里。

跟玉米一样，我也属于被子植物这个大家庭。

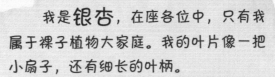

我是**银杏**，在座各位中，只有我属于裸子植物大家庭。我的叶片像一把小扇子，还有细长的叶柄。

今天，有一个小朋友叫我白果树，大家都笑了，纠正他说："这是银杏树。"其实，我想告诉大家，他并没有叫错。除了银杏，我还有很多名字，因为果子是白色的，所以大家也叫我白果树。

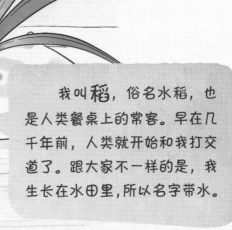

我叫**稻**，俗名水稻，也是人类餐桌上的常客。早在几千年前，人类就开始和我打交道了。跟大家不一样的是，我生长在水田里，所以名字带水。

玉米是北方农田中常见的经济作物。

在温暖的阳光照拂之下美美地睡一觉，世上还有比这更美好的事儿吗？

玉米喜欢阳光，在光合作用下，玉米的叶子能够将空气中的二氧化碳和叶子里边的水合成有机物，并释放出氧气。但是，在阳光很强烈的中午，玉米也会休息一会儿。

尽管光合作用需要消耗光能，但是中午的阳光太强，提供给玉米的光能太多了，远远超过玉米利用光能的极限。它来不及消耗，结果光能越积越多；再加上中午的高温使水分的蒸发速度远大于植物吸收水分的速度，从而导致光合效率降低，所以玉米只能歇一会儿了。

这种现象在小麦、稻、棉花、大白菜、生姜等许多种植物中也都发现了。科学家把这种现象叫作光合午休，光合午休一般发生在 11:00 至 15:00 之间。植物发生光合午休的时候，从外观上看不出有什么变化，比如叶片不会萎蔫、不发生卷曲，叶片颜色也没有明显的改变。

合欢 天黑或者刮风下雨，叶片就会睡觉

合欢树是很多公园中常见的绿化树种。

在合欢树的一片大的叶子中，有很多小的叶片，这些小叶片像羽毛的结构一样，平行排列在叶片中间轴的两侧，这些小叶片就是小羽片。到了晚上或者有风雨的时候，叶片中的小羽片就会一对一对地彼此靠拢、折叠起来，好像被手触碰过的含羞草一样。

风儿吹，雨丝飘，天黑我就要睡觉。悄悄睡，慢慢长，人人夸我好宝宝。😄

合欢树的这种活动，就是叶片在睡觉。叶片闭合既能够减少水分蒸发的量，也能够保护幼小的小羽片，避免它们被风雨袭击造成破损。

羊蹄甲、黄花、决明等植物的叶片，到了晚上或阴雨天也会闭合起来。科学家认为，在相同的环境中，这类能进行睡眠的植物，生长速度较快，与其他不能进行睡眠运动的植物相比，它们具有更强的生存竞争能力。

9

银杏 种子经过2~3个月的睡眠才能完全成熟

睡饱了才有精力发芽。

银杏又叫公孙树，因为它生长得非常缓慢，一个人年少时种下银杏树，等他变成老爷爷的时候，才能够吃到银杏树上结出的白果。

银杏的种子脱落时，还没有完全成熟，需要经过 2~3 个月的睡眠，银杏的种子才算完全成熟。

矮紫杉、人参、三七、多花黄精等很多植物的种子也是这样，在外观上看起来成熟之后，还需要或长或短的时间，实现种子在生理上的成熟。

稻 利用3~13周养精蓄锐，打破萌发的障碍

睡了一个美觉，终于有力气爬出来啦!

稻是重要的粮食作物，稻谷经过加工后，就是我们在很多餐桌上都能够见到的米饭了。

稻的种子是椭圆形的，大约 5 毫米长，1~1.5 毫米厚。因为它们的种子与果皮（稻壳）贴合得非常紧密，所以人们给它们起了个名字，叫作颖果。颖，说的是它们在枝条上的时候，外边带有芒刺的壳。

人们采用手工收割或机械收割，将稻从农田里取回来之后，先把它们的果实粗摘下来，这就是稻谷。为了防止生虫腐烂，人们会对它们进行晾晒。但是晾晒之后，给种子萌发带来了难度。种子外的果皮和种子紧密贴合在一起，果皮有点儿厚，有点儿硬，种子的胚发出的嫩芽没有办法顶出来。怎么办呢？

在自然状态下，稻的种子想要打开果皮裂缝，让幼苗伸出来，需要 3~13 周的时间养精蓄锐，来打破这种萌发障碍。

玉米长胡子了!

快看，玉米长了长长的胡须！它老了吗？它是不是变成玉米爷爷了？

让我告诉你，玉米长须可不是变老了，玉米须其实是玉米繁殖器官的一部分。

合欢树和含羞草是"亲戚"?

合欢树睡觉的时候会收拢叶片，这个动作是不是似曾相识？当有人碰触含羞草时，它的叶片也会收拢，就好像在害羞似的。

合欢和含羞草的叶子这么相似，它们两个会不会是亲戚呢？其实，合欢树和含羞草都属于含羞草亚科，还真算是"亲戚"呢。

植物界的"活化石"

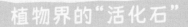

银杏树是地球上非常古老的生物，早在 3.45 亿年前，银杏树就生活在地球上了，比恐龙出现的时间都早。但是，每棵银杏树的成长速度都很慢，从幼苗到能结出白果的成年树需要几十年的时间。

我们吃的米饭是从哪里来的？

我们常吃的香喷喷的米饭，其实来自稻这种植物。

春天，农民伯伯播种稻种，经过育秧、插秧、除草、灌溉等一系列程序，最终收获黄壳的稻，白花花的大米就藏在稻壳里面。

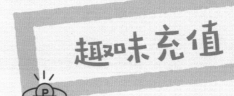

趣味充值

猜一猜

水里生来水里长，小时绿来老时黄。

黄金甲壳外面包，珍珠心儿里面藏。

（打一植物）

连一连

 玉米

被子植物

 合欢

 银杏

裸子植物

 稻

答案 猜一猜：玉米

连一连：玉米、合欢、稻为被子植物，银杏为裸子植物

吃肉群：
植物竟然也吃肉

这些植物"无肉不欢" >

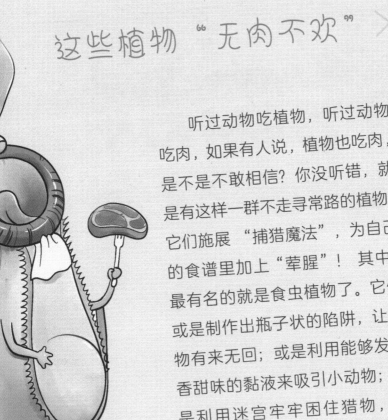

听过动物吃植物，听过动物吃肉，如果有人说，植物也吃肉，是不是不敢相信？你没听错，就是有这样一群不走寻常路的植物，它们施展"捕猎魔法"，为自己的食谱里加上"荤腥"！其中，最有名的就是食虫植物了。它们或是制作出瓶子状的陷阱，让猎物有来无回；或是利用能够发出香甜味的黏液来吸引小动物；或是利用迷宫牢牢困住猎物，想方设法将美味肉食端上自己的餐桌。

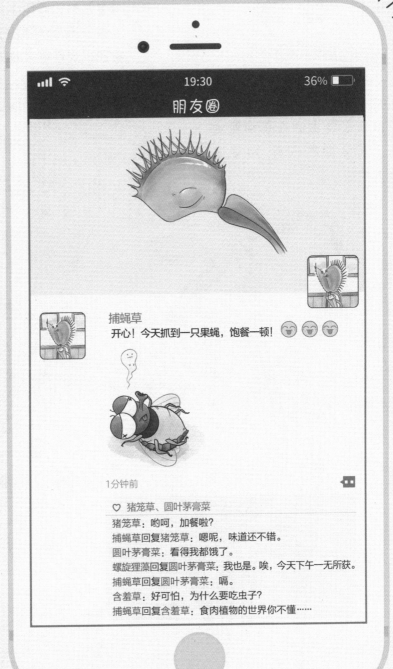

捕蝇草
开心！今天抓到一只果蝇，饱餐一顿！😄😄😄

1分钟前

♡ 猪笼草、圆叶茅膏菜

猪笼草：哟呵，加餐啦？
捕蝇草回复猪笼草：嗯呢，味道还不错。
圆叶茅膏菜：看得我都饿了。
螺旋狸藻回复圆叶茅膏菜：我也是。唉，今天下午一无所获。
捕蝇草回复圆叶茅膏菜：嗝。
含羞草：好可怕，为什么要吃虫子？
捕蝇草回复含羞草：食肉植物的世界你不懂……

吃肉植物的聚餐

我叫**猪笼草**，是被子植物中猪笼草科大家族的一员。我主要生活在东南亚地区，在全世界共有170多个野生种。

我叫**捕蝇草**，也叫食虫草、捕虫草，也是被子植物，但我属于茅膏菜科。我原本是生长在北美洲东岸一带的珍稀植物，因为太受欢迎，现在很多地方都开始栽培。人类还向我学习，发明了机器捕蝇草帮助捕捉虫子呢。

我叫**圆叶茅膏菜**，也叫毛毡苔，是捕蝇草的亲戚，也属于茅膏菜科。我的个子比较小，叶片喜欢平铺在地面上生长，还会在夏天开出小小的花朵。

我叫**螺旋狸藻**，属于被子植物中的狸藻科。我最喜欢的事是让叶子平贴着地面生长，我最讨厌的事是被强烈的阳光直射，强光会让我美丽的叶片变黄！

猪笼草 叶片特化，打造完美的瓶状牢笼

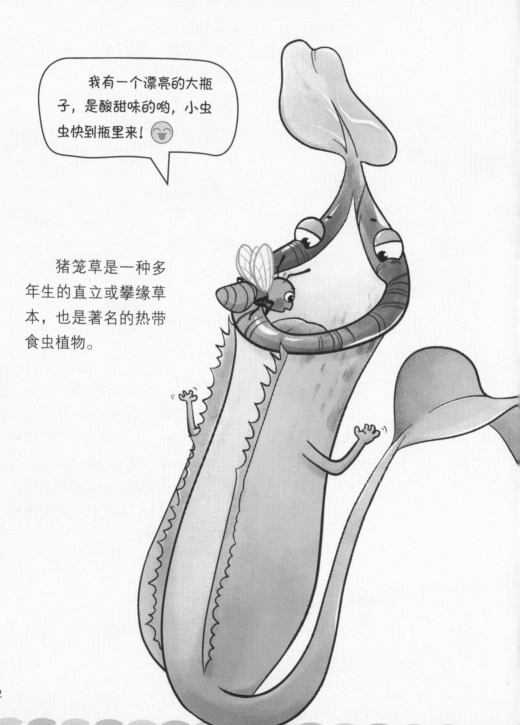

我有一个漂亮的大瓶子，是酸甜味的哟，小虫虫快到瓶里来！😋

猪笼草是一种多年生的直立或攀缘草本，也是著名的热带食虫植物。

猪笼草捕食虫子，依靠的是部分叶片特化成的瓶子形结构。瓶口能分泌酸甜味道的蜜汁，吸引小飞虫靠近并落入瓶中。瓶底内侧囊壁上有许多消化腺，这些消化腺能分泌黏稠的消化液。一旦小飞虫落入瓶中，黏稠的消化液就会粘住小飞虫的翅膀，让这些小飞虫移动困难，最终被瓶子底部的消化液淹死，成为猪笼草的食物。

即便有个别小飞虫比较强壮，能从黏稠的消化液中爬出来，但它们也会遇到第二个难题：瓶口内壁上有一层厚厚的蜡质，这使瓶子的内壁变得非常光滑，让小飞虫无法攀附爬行。小飞虫最终还是难逃被"吃"掉的命运。

不过，猪笼草获取营养的主要途径还是光合作用，捕食昆虫只是作为营养来源的补充。

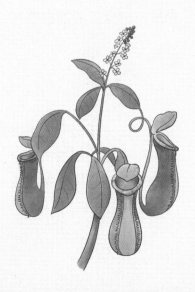

捕蝇草

叶片变身为灵敏的捕虫利夹

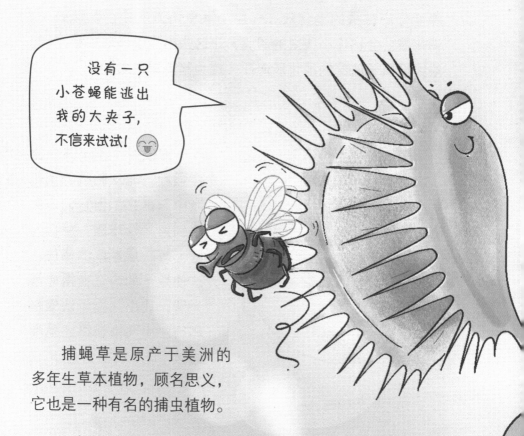

没有一只小苍蝇能逃出我的大夹子，不信来试试！😛

捕蝇草是原产于美洲的多年生草本植物，顾名思义，它也是一种有名的捕虫植物。

捕蝇草的部分叶片能够特化成贝壳状的捕虫夹，夹子内长有小刺毛，这是捕蝇草捕捉虫子的重要武器。

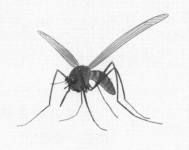

　　当有小动物进入捕蝇草张开的捕虫夹内，并连续触碰到夹子内的小刺毛时，两片贝壳状的夹子就会在 1/3 秒的时间内迅速合上，捉住小动物。之后，捕蝇草的捕虫夹会分泌消化液，消化被困住的小动物。

　　根据目前的观察，捕蝇草捕食的小飞虫包括蚊、蝇、蛾、蜂等，有时也能捕捉到蛙类和爬虫。在某些地区，甚至有人观察到捕蝇草捕捉到了小老鼠。

圆叶茅膏菜

是甜蜜的诱惑，也是最致命的温柔陷阱

圆叶茅膏菜是一种多年生草本植物，能够靠叶片捕捉虫子。

圆叶茅膏菜的叶片是圆形的，大小接近小型的硬币。叶片既能够展开，又能够卷起来，这是圆叶茅膏菜捕虫的关键。

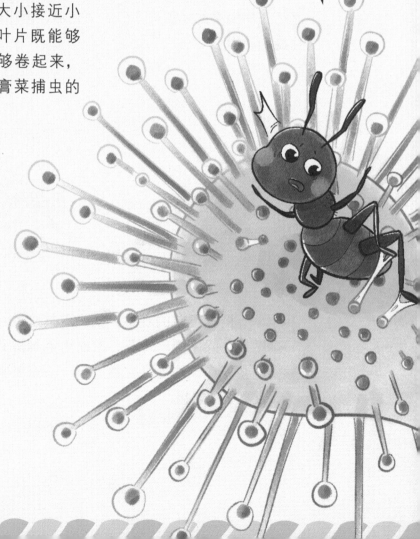

我有很多根甜甜的"棒棒糖"，小虫虫赶快来吃啊，见者有份！😊

圆叶茅膏菜的每枚叶片上都生长着 200 多根小绒毛，绒毛能够分泌带有蜜一样香味的黏液。昆虫闻香而来碰到绒毛时，绒毛上的黏液就会把昆虫粘住，叶片很快卷曲抓住昆虫，并将其困死在里面。最后，叶片绒毛上的腺体分泌大量消化液，把昆虫的尸体消化掉。

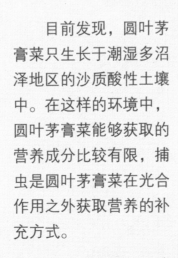

目前发现，圆叶茅膏菜只生长于潮湿多沼泽地区的沙质酸性土壤中。在这样的环境中，圆叶茅膏菜能够获取的营养成分比较有限，捕虫是圆叶茅膏菜在光合作用之外获取营养的补充方式。

螺旋狸藻

复杂地下迷宫，完美捕猎场地

螺旋狸藻是一种分布于非洲、南美洲和中美洲的热带地区的捕虫植物，常常生长在浅水地区或土质比较松软的水边湿地。生物科学家达尔文在一个多世纪前就提出，螺旋狸藻可能是一种食虫植物。直到1998年螺旋狸藻食虫的属性才被世人证明。

螺旋狸藻的捕虫工具，是一种生长在水面下或者土壤中的Y字形的管道状捕虫器。在管道的入口，有一些倒插的毛状结构，就像倒刺一样，让小虫子只能进，不能出。管道之中有许多分隔开的小空间，宛如迷宫一般复杂。线虫等小动物进入管道，只能不断往里走，最终迷失方向，进而被螺旋狸藻消化吸收。

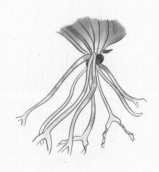

螺旋狸藻的捕虫器乍一看是白色的，与植物的根非常相似。但其实，这些是螺旋狸藻特化之后的叶子。叶子生长出来之后，就向下插入土壤或水中，因为缺乏光照，所以是白色的。

知识卡包

好奇！猪笼草为什么叫这个名字？

猪笼草用来捕捉小动物的部位呈圆筒形，下半部分稍稍膨大一些，上半部分稍小一些，圆筒上方还有一个盖子。这个结构看起来很像是旧时用竹篾编织而成，用于捕捉、运输生猪的猪笼，这就是猪笼草名字的由来。

捕蝇草：我五行缺"氮"

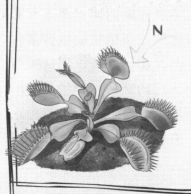

N

捕蝇草获取营养主要是通过光合作用，捕虫是因为虫子体内含有大量的蛋白质，这些蛋白质是氮元素的载体，而氮元素是植物正常生长必不可少的营养物质。氮元素是植物制造氨基酸、合成蛋白质的原料，也是植物细胞分裂和生长所必需的营养来源。

圆叶茅膏菜与捕蝇草是"亲戚"?

圆叶茅膏菜与捕蝇草都是食虫植物，而且它们都属于茅膏菜科，所以被人们称为"亲戚"。不过，它们的长相差别挺大。

一般来说，圆叶茅膏菜都比较低矮，看不到明显的茎，叶片的分布呈莲座状，大多数叶片平摊在地面上。而捕蝇草长有贝壳状的捕虫夹，外观有明显的刺毛。

食虫植物为什么不走寻常路，非要"开荤"?

大多数食虫植物的原产地，都在土壤贫瘠的环境中，比如酸性湿地、沼泽地带、热带雨林的林中空地等。在这些环境中，植物的生长面临着一个重大的问题：它无法从生存的土壤环境中获取足够多的氮元素，来支持自己生长、发育所需。这类植物只能寻找其他办法，于是就慢慢发展出了从身边虫子的身上获取氮元素的途径，并最终演变成了现在人们所看到的食虫植物。

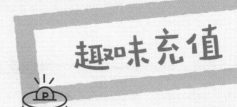

趣味充值

猜一猜

猪笼不圈猪，叫草还产蜜。

散发香甜味，吃虫不客气。

（打一植物）

快问快答

本文提到的食虫植物有哪些？

运动群：
植物也爱做运动

生命在于运动，动一动更健康

在我们的印象中，植物往往是静止不动的，除了长高、长大和随风摇摆，它们可以挺立百年都不发生多大变化。但科学家发现，有些植物却不甘于静默，非常钟爱"运动"，这些植物的叶片、花瓣或花盘等，会随着时间或环境的变化而发生规律性的变化。有的像人类翩翩起舞，有的一碰就闭合叶片，有的跟随太阳运动，有的严格遵循时间开花。

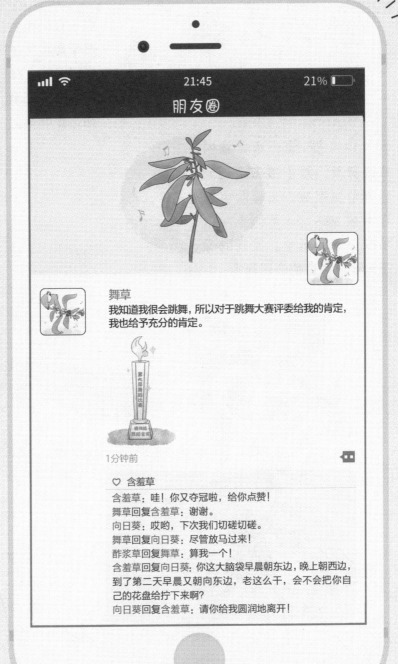

21:45　　　21%

朋友圈

舞草
我知道我很会跳舞,所以对于跳舞大赛评委给我的肯定,我也给予充分的肯定。

1分钟前

♡ 含羞草

含羞草:哇!你又夺冠啦,给你点赞!
舞草回复含羞草:谢谢。
向日葵:哎哟,下次我们切磋切磋。
舞草回复向日葵:尽管放马过来!
酢浆草回复舞草:算我一个!
含羞草回复向日葵:你这大脑袋早晨朝东边,晚上朝西边,到了第二天早晨又朝向东边,老这么干,会不会把你自己的花盘给拧下来啊?
向日葵回复含羞草:请你给我圆润地离开!

运动植物的跳舞大会

我叫**含羞草**，我也属于豆科植物，不过我是含羞草属植物的一员。我也像我的名字一样，真的很害羞，只要碰一碰我，我就会害羞地合拢叶子。

我叫**舞草**，也常被叫作跳舞草，属于被子植物豆科舞草属家族。我喜欢生长在海拔200~1500米的丘陵山坡或山沟灌丛中。像我的名字一样，我真的会跳舞哟。

我叫**向日葵**，是被子植物菊科大家庭的一员。虽然我叫向日葵，但我并不是主动向着太阳的，这是人类一直以来对我的误解。我的种子葵花子深受人类喜爱，炒熟就成了美味零食，榨成油就是常见的食用油——葵花子油。

我叫**酢浆草**，属于被子植物。总有人叫我炸酱草，我跟炸酱面可一点儿关系都没有！我名字里的"酢"是和"醋"同音啦，但我跟做饭时常用的醋同样一点儿关系都没有！如果真的要给我起一个外号，我的叶子是由三片倒心形的小叶子拼合成的，还不如就叫我三叶草呢。

舞草

草如其名，翩翩起舞于阳光下

快来一起跳舞，咚恰咚恰咚恰恰！

科学家发现，在天气晴朗的日子，当气温超过22℃时，每隔几分钟，舞草顶端的一对小叶就会绕着叶枕做椭圆形运动；当气温高达35℃时，小叶的运动轨迹就变成圆形，可长达90秒。

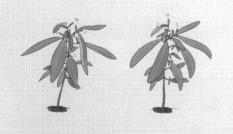

如果使用延时摄影的方式将舞草叶片的运动拍摄下来，再快速播放，就会看到：舞草就像一个小姑娘一样，挥舞着她的两个大袖子在翩翩起舞。

舞草为什么要跳舞呢？

达尔文曾在《植物运动的动力》一书中指出，没有人知道舞草的侧叶运动对植物来说有什么用。它为什么要做这样的快速运动呢？

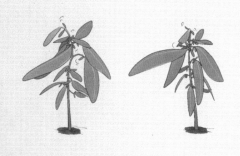

直到今天，这个问题依旧没有明确答案。不过，2013年以色列科学家提出了一个大胆的假设：舞草的小叶进行神秘的旋转运动，是为了模仿蝴蝶或具翅的其他昆虫，防止它们停落在自己的叶片上啃食或产卵。众所周知，蝴蝶在叶片上休息，慢慢扇动双翼，是为了吸收更多的阳光并产卵。舞草的这种运动，能够有效避免蝴蝶等昆虫对它的叶片造成伤害。

含羞草 一碰就"自闭"，叶枕在作祟

啊，别碰人家了，我要自闭了。

实验研究发现，含羞草一旦受到外力的触碰，羽状复叶中的小叶就会一片接一片地闭合起来，羽状复叶的整个叶片也会下垂，就像小姑娘害羞了似的，和它的名字十分相符。

含羞草身上为什么会有这种有趣的现象发生呢?

奥秘之处在于含羞草植株上一个叫作"叶枕"的部位。这个部位在叶柄的基部,与茎相连的地方。叶枕里边有许多薄壁细胞,一旦叶片被触动了,薄壁细胞里边的细胞液就会向细胞间隙流动,致使原本是膨胀状态的薄壁细胞变得干瘪,叶枕下边的细胞压力变小,就会出现叶片闭合、叶柄下垂的现象。过一段时间之后,一切都慢慢恢复正常,小叶就会重新展开。

向日葵 天天转头，身体更健康

别再误解我了，我可不是因为喜欢太阳，才天天跟着它转。

留心观察向日葵，我们会发现，早晨，向日葵的花盘朝着太阳升起的东方，并跟着太阳缓慢转动方向；到中午时，花盘朝向太阳所在的南方；到傍晚时，太阳在西边，向日葵的花盘也朝向西方。

这种现象很容易就让我们觉得，向日葵十分喜欢太阳，所以"植"如其名，永远向着太阳转动。但是，事实可能跟我们想的不一样！

有研究发现，当阳光照射在向日葵幼嫩的茎上时，向日葵体内的生长素会刺激背光面的细胞快速生长，而朝向阳光的一面细胞则生长得比较慢，这就造成向日葵的茎向光源处弯曲。当太阳落山后，向日葵体内的生长素重新分布，向日葵慢慢转回起始位置直立；第二天早上太阳升起，向日葵花盘又开始重复前一天的运动轨迹。

向日葵的花粉怕高温，如果温度高于30℃，花粉就会被灼伤，失去活力。因此，向日葵的花盘完全盛开后，就不再向日转动了。

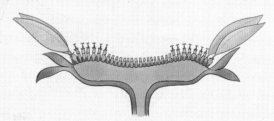

酢浆草

日出而作，日入而息
严格守时，规律开花

天黑了，该睡美容觉了，晚安！😄

酢浆草是一种多年生草本植物，喜欢生长在河谷沿岸、路边、田边、荒地或林下阴湿处。酢浆草通常高 10~35 厘米，花朵颜色多样，其中黄色、粉色、橙色比较常见。

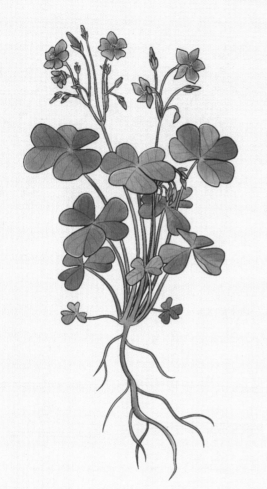

研究人员对于野外酢浆草的花做了详细的记录，发现酢浆草的花开放和闭合严格遵循规律。在日出之前的 4:00，所有的酢浆草均不开花；日出后逐渐开始开花，从 8:00 至 16:00，酢浆草的开花率先增加后降低，最高峰在正午时分；20:00 之后，所有酢浆草花全部闭合。下午时段每朵花的花蜜含量比上午时段高，大约 16:00 每朵花花蜜含量最高。

而且观察发现，酢浆草的叶片也表现出有规律地开放与闭合。

知识卡包

蜡梅要来辟谣啦

舞草名副其实，确实爱跳舞。还有一些植物，却得辟一辟谣，咱们不能被表象迷惑了。比如，名叫蜡梅的植物并不是梅花。蜡梅属于樟目、蜡梅科；而梅花则属于蔷薇目、蔷薇科，两者从"目"一级就分道扬镳了。因为蜡梅开花的时间和梅花相近，花形也相仿，所以常常被误认为是梅花。

望梅并不能止渴

望梅止渴是我国流传了上千年的典故，但是，在现实中，望梅真的能止渴吗？

"渴"能告诉人们什么时候需要饮水，需要的水量是多少。如果"渴"的时候不喝水，血液和体液的成分得不到调节，身体所需要的水分得不到满足，"渴"是不会被真正缓解的。从这个角度来说，"望梅"是不能止渴的。

胡萝卜的辟谣：叫胡萝卜却不是萝卜

你知道吗？胡萝卜其实不是萝卜，它跟萝卜没有任何关系，连"亲戚"都不是。胡萝卜是伞形科胡萝卜属，我们常见的白萝卜是十字花科萝卜属，两者口感不一样，颜色也不一样，一红一白。

马铃薯的辟谣：长在土里的不一定是根

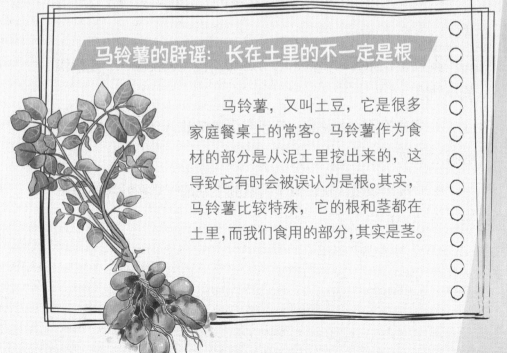

马铃薯，又叫土豆，它是很多家庭餐桌上的常客。马铃薯作为食材的部分是从泥土里挖出来的，这导致它有时会被误认为是根。其实，马铃薯比较特殊，它的根和茎都在土里，而我们食用的部分，其实是茎。

问答小测试

你能找对下面这些爱运动的植物吗？把正确字母序号填在相应的括号内。

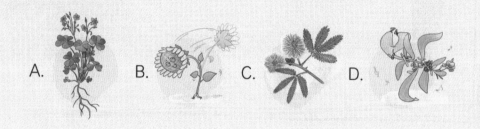

A.   B.   C.   D.

1. 名字中有一个字的读音，和我们做菜时用的"醋"相同。
（   ）

2. 叶子会做椭圆形或者圆形运动，看起来就像一个在跳舞的小姑娘。（   ）

3. 有金黄色的大花盘，花盘完全盛开前，会从早上开始跟随着太阳做运动。（   ）

4. 叶片一被碰，就会像个害羞的小姑娘一样把叶片闭合起来。（   ）

答案 1.A 2.D 3.B 4.C

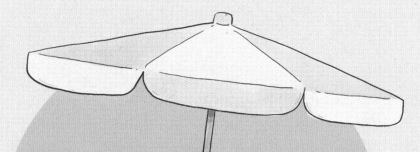

拉屁屁群：
植物也会"拉屁屁"

真的吗？这竟是植物的"屁屁"

我们都知道，人类会产生很多废弃物，比如呼吸产生的二氧化碳、食物消化后产生的屁屁等。那你知道植物也会产生废弃物，也会像人类那样"拉屁屁"吗？植物不仅会"拉屁屁"，而且有时候它们拉出的"屁屁"还会超出我们的想象。比如，毛白杨会把人类一刻也离不开的氧气当作"屁屁"排放掉，而我们爱吃的白梨果肉，对于白梨树来说竟然是废弃物！

花花柴
已经便秘一周了，请问各位有什么通便的妙招吗？在线等，挺急的。

谢 谢

1分钟前

♡ 油松、白梨

白梨：挺佩服你的，能憋一周。
花花柴回复白梨：我也不想。
花花柴：你有什么高招吗？我听说你的树脂很多啊！
@油松
油松回复花花柴：没办法啊，我主要就是弄一个管道，让它们自己慢慢往外流。
毛白杨：这是一条有味道的朋友圈。

植物的如厕时间

我叫**花花柴**，还有一个可爱的别名，叫"胖姑娘"。我来自被子植物中的菊科大家庭，通常被人类当作牧草利用。

我叫**毛白杨**，属于被子植物中的杨柳科。作为乔木，我兼具树干挺拔、生长快、寿命长、耐干旱和盐碱等诸多优点，深受人类喜爱，成为重要的绿化植物。

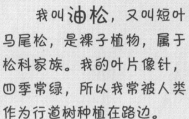

我叫**油松**，又叫短叶马尾松，是裸子植物，属于松科家族。我的叶片像针，四季常绿，所以我常被人类作为行道树种植在路边。

我叫**白梨**，也是被子植物，属于蔷薇科，在中国被广泛栽培种植，因为我的果实美味多汁，是人类十分喜爱的水果。

花花柴

精密的排盐系统，无惧盐碱地环境

不就是盐吗？
我排，我排，我排排排！

花花柴是一种多年生的草本植物。

它的分布区域包括亚洲中部的戈壁滩地、沙丘、草甸盐碱地。在我国，花花柴主要分布在西北地区。

盐碱地的土壤中有很多碳酸盐以及碱类物质，在盐碱化严重的地区，绝大多数植物几乎不能生存。花花柴为什么能够在环境恶劣的盐碱地中存活呢？这要归功于花花柴体内有一套精密的排盐系统。

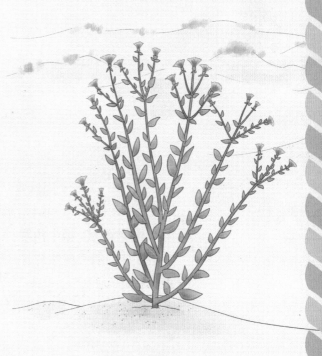

花花柴的叶表皮有一种特殊的细胞，能收集植物体内的盐类物质，并且能将多余的盐类物质储存起来。等到花花柴地上部分枯死时，这部分被储存起来的盐类物质也被除去了。另外，花花柴还拥有一种独特结构——泌盐孔，能够使溶于水的盐类离子通过小孔流出去。

除了花花柴，还有几种植物也是与盐碱环境战斗的高手。比如，柽柳通过根吸收水分时，会将水中的盐碱物质慢慢搬运到茎和叶的表面，从而减少盐分带来的伤害。胡杨则是通过树皮断裂口将盐碱物质排出体外。这些排出的盐碱物质会形成黏稠的液体，这就是传说中的胡杨泪。

毛白杨 呼吸排氧，去除光合废物

没想到吧？换个角度看，珍贵的氧气竟然算是我排出的"废料"！

毛白杨是一种多年生的乔木，喜欢生长在海拔 1500 米以下的温和平原地区。像所有的普通绿色植物一样，毛白杨每天都进行光合作用。

植物所进行的光合作用，是地球上最重要的有机物制造事件。绿色植物利用自身的光合色素吸收光能，在叶片中酶的催化作用下，将空气中的二氧化碳和水合成有机物，并释放出"废料"——氧气。

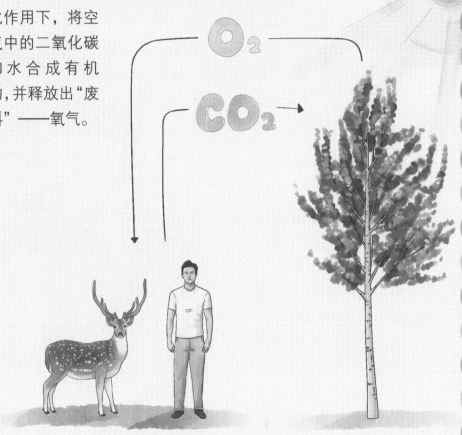

事实上，这种说法只是针对光合作用而言。植物也会进行呼吸作用，这时候，氧气就成了重要的原料啦。

油松 专属通道运输废物，排油就是排毒

刚洗完头，又油了，真愁人。

油松是我国特有树种，产于东北、中原、西北和西南等地区。在油松的枝干上，经常能够见到黄褐色的、接近透明的油脂慢慢滴落下来，这种油脂叫作树脂。油松为什么会产生树脂呢？

油松在进行光合作用时，会形成一部分对于油松来说是废料的无色透明有机物，这些有机物顺着茎干上一种叫作树脂道的特殊结构慢慢向外渗透。当这种有机物渗透到油松体外，与空气中的氧气结合时，颜色就会慢慢变深，变成我们所看到的树脂的样子。树脂其实就是油松排除到体外的废弃物。

当油松遇到创伤时，比如茎干受伤、被折断、被动物啃噬等，树脂覆盖伤口，能够将伤口与空气隔离，从而避免伤口进一步腐烂或者被破坏。

白梨 甜美的果实，承载的是无法排泄的废料

呃……有句话不知当讲不当讲，那个……果实其实是我的"排泄物"呢。😛

白梨是一种多年生的乔木果树，或许对我们来说有些陌生，但说起白梨的果实——白梨，恐怕没几个人不知道。皮薄肉多、汁水香甜的大白梨，深受人们的喜爱。但对于白梨来说，果实在某种程度上属于"排泄物"。

一株植物最重要的事就是繁衍后代，但繁衍后代只需要产生种子就行了。种子能够萌发，长成新的植株。而果实中的果肉等部分，对于植物的繁衍而言，并没有直接的用处。

而且，果实中含有的果酸，对于植物来说是一种废料。果实成熟后从植物本体脱落，就相当于帮助植物把废料排出了体外。

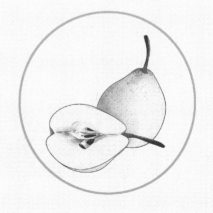

花花柴朋友圈中还有哪些排盐高手？

盐角草和短尾灯芯草也是和花花柴一样的排盐高手。盐角草在吸收到盐碱物质后，会将这些有害的物质封存在体内，形成一种叫作"盐泡"的结构，将有害物质与自己的体内组织隔离开。短尾灯芯草在吸收到盐碱物质后，会将这些物质集中在叶片内，等到老叶充满盐分时，就会提前干缩脱落，减少盐碱物质对植株的伤害。

我们每个人一天要消耗多少氧气？

调查发现，一个成年人每天大约要吸入 700 升氧气，呼出 400 升二氧化碳。一棵树每天可以产生氧气约 247 升。也就是说，一个人每天呼吸所需的氧气，需要差不多 3 棵树进行光合作用产生。所以我们必须大力提倡植树造林，维护绿色家园。

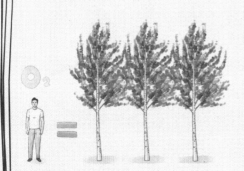

树脂大变身

树脂不仅仅是我们看到的，从树上滴落时黏稠的样子，还会有一些我们意想不到的面貌。假如树脂在滴落的过程中，不小心粘到了一只小虫子，若干年后，这块树脂就会硬化，变成一种神奇的东西——琥珀。擦亮琥珀的外表面，还能够清晰地看到其中的小虫子。

喜欢古玩的人有时会把玩一种黄色的手串，把玩的时间久了，还会产生淡淡的香味。这种手串是用蜜蜡制成的，而蜜蜡也是由树脂变来的。

"化作春泥更护花"蕴含了什么知识？

"落红不是无情物，化作春泥更护花"是几乎家喻户晓的一句诗，表达了诗人无论何时都不忘报效祖国的高尚情怀，而这句诗里还蕴含着生物学知识呢。植物的花朵和果实掉落到泥土里，会被微生物分解，从而变成无机盐，无机盐能够促进植物更好地生长。

选一选

下面这些植物，哪一个通过果实排弃废物？

A

B

C

D

爆笑植物爱群聊

抗寒有术群：植物也会保暖术

刘海明 著

夏欣然 绘

天地出版社 | TIANDI PRESS

图书在版编目（CIP）数据

爆笑植物爱群聊 / 刘海明著；夏欣然绘. — 成都：
天地出版社, 2024.4
ISBN 978-7-5455-8062-4

Ⅰ.①爆… Ⅱ.①刘… ②夏… Ⅲ.①植物—儿童读
物 Ⅳ.①Q94-49

中国国家版本馆CIP数据核字（2023）第247622号

BAOXIAO ZHIWU AI QUNLIAO
爆笑植物爱群聊

出 品 人	杨　政
著　者	刘海明
绘　者	夏欣然
总 策 划	陈　德
策划编辑	王　倩　刘静静
责任编辑	王　倩　刘静静
美术编辑	周才琳
营销编辑	魏　武
责任校对	张月静
责任印制	刘　元　葛红梅

出版发行　天地出版社
　　　　　（成都市锦江区三色路238号　邮政编码：610023）
　　　　　（北京市方庄芳群园3区3号　邮政编码：100078）
网　　址　http://www.tiandiph.com
电子邮箱　tianditg@163.com
经　　销　新华文轩出版传媒股份有限公司

印　　刷　北京瑞禾彩色印刷有限公司
版　　次　2024年4月第1版
印　　次　2024年4月第1次印刷
开　　本　710mm×1000mm 1/16
印　　张　18
字　　数　272千字
定　　价　100.00元（全4册）
书　　号　ISBN 978-7-5455-8062-4

目录 contents

抗寒有术群：植物也会保暖术

这年头，谁还没有几个过冬绝技

救助群：植物也会搬救兵

可别小瞧植物，它们不会动，但遇事会搬救兵

传粉群：植物传粉有妙计
为了传粉，植物也是拼了老命了

搭车群：植物种子爱搭车
搭车技术哪家强，种子显能大远航

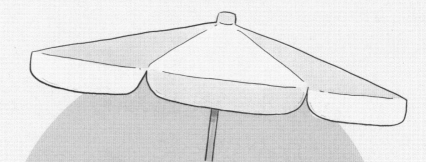

抗寒有术群：
植物也会保暖术

这年头，谁还没有几个过冬绝技

冬天最让人痛苦的就是酷寒的天气。为了抵御严寒，大家都行动起来了。人类会穿上厚厚的棉衣，会对着手掌哈气，会不停跺脚；动物会换上厚厚的皮毛，会钻进地洞里大睡一觉。植物没法动，这可怎么过冬呀？别担心，植物可是身怀绝技的御寒高手。绵头雪兔子身上会长出厚厚的绒毛，就像人类穿上毛衣；彩穗木会给自己的花戴上保温套，就像人类戴上帽子、口罩；茶通过散发一种特殊的香气，帮助自己抵御严寒；臭菘则通过特殊的呼吸方式产生热量，帮助自己度过严寒的日子。

绵头雪兔子
这个冬天可太冷了，幸好我身上的毛够厚。别人笑我"穿"得厚，我笑他人冻得透。

1分钟前

♡ 茶、彩穗木

彩穗木：我给自己弄了个保温套，也还挺暖和。
绵头雪兔子回复彩穗木：机智。
臭菘：真羡慕你们，我只能通过特殊的呼吸方式来生热。
咦，你身上怎么这么香呀？ @茶
茶回复臭菘：嘻嘻，这也是我抵御寒冷的方式啦。
绵头雪兔子回复茶：哇，香香地过冬天，这方式不错啊。

3

玩具有末植物的 夏日茶话会

我叫**彩穗木**，和绵头雪兔子一样，也是被子植物的一员。不过我只生长在澳大利亚东南部的塔斯马尼亚岛。我是一种四季常绿的灌木，会开白色或粉红色的花。

我叫**绵头雪兔子**，人们也叫我绵头雪莲花，因为我和雪莲花都属于被子植物菊科风毛菊属。我的身份很特别，是中国特有的植物。我的长相也很特别，我这身毛茸茸的白毛，你只要见过一次，就绝不会认错。

我叫**茶**，也是被子植物，属于山茶科。人类应该对我很熟悉，他们喜爱的茶叶就是用我的嫩叶加工成的。不过，虽然茶叶有红茶、绿茶、黑茶等不同的分类，但是茶树不存在什么红茶树、绿茶树，就只有茶树，只是茶叶的制作方式不同罢了！

我叫**臭菘**，还有一个有点儿欢乐的外号，叫黑瞎子白菜，但我并不属于白菜一类，是被子植物天南星科大家庭的一员。我是草本植物，喜欢生长在沼泽地区。

绵头雪兔子

柔软的白色绒毛，是对抗严寒的坚硬盔甲

绵头雪兔子是一种奇特的一年生草本植物，只在中国云南、西藏、四川等地有分布，喜欢生长在海拔 3200 米至 5280 米的高山流石滩地区。

绵头雪兔子的名字来源于它突出的外形特点。绵头雪兔子长得不高，茎和叶上密密麻麻地生长着厚厚的白色绒毛，这让它看起来就像是立在雪地里的毛茸茸的小兔子。

绵头雪兔子身上的绒毛就类似人类身上穿着的毛衣，既能防寒，又能保温，还能反射高山阳光的强烈辐射，使自身免遭伤害。实在是厉害！

彩穗木

用花瓣给娇嫩的花蕊最严实的保护

彩穗木是一种枝干粗壮的灌木，会在枝干的末端开出簇生花朵，花朵一般是白色或粉红色的。

我这"保温套"，用独家秘传的手艺制作，可不是随随便便就能打开的。😊

花开时，为了保护花蕊不被冻坏，彩穗木会把花瓣密封起来，就像是给花朵套上了一个保温套。只有借助于镊子等工具，将这种处于密封状态的花瓣撕开，才能够看到里边的雄蕊和雌蕊。

被密封起来的花，要怎么传粉呢？原来彩穗木的花蜜会释放出浓郁的香甜气息，吸引黑背钟鹊与蜥蜴前来取食。黑背钟鹊和蜥蜴取食彩穗木的花蜜时，也会把密封的花瓣吃掉，这样雄蕊就露出来了。之后，蜜蜂在不同的花蕊间来回爬行，取食剩余花蜜时，顺便就帮彩穗木传递了花粉。

茶
用香味抵御酷寒，面对危机，永远要主动

茶最早分布在中国西南地区，目前已在全球范围内广泛种植。茶能得到人们的普遍喜爱，这是因为茶的叶子——茶叶可以冲泡成可口的饮品。

即使面对寒风，也要保持优雅，必须香香地登场！😊

茶树散发出一种清香，茶叶中含有茶多酚、咖啡因和茶氨酸三种风味化合物，茶多酚具有杀菌作用，能帮助人们抵抗微生物；咖啡因能让人神清气爽；茶氨酸具有类似味精的鲜味，能带给人愉快的口感。这使很多人都爱上茶这种饮料，茶文化也在世界各地不断发展。

但茶树散发出清香的本意，可不是让自己的叶子被人采摘泡水喝掉。茶树的香气中有一种最重要的物质——橙花叔醇。当处于低温环境中，茶树体内会产生大量的橙花叔醇。科学研究发现，橙花叔醇能够有效激发茶树体内抗冷防御机制，进而提高茶树主动预防冷害的能力。

臭菘

用特殊的呼吸方式，为花儿打造舒心的温室

虽然我很臭，但我的内心很温暖，是热情在熊熊燃烧。😵

在我国东北黑龙江、松花江和乌苏里江流域的沼泽地带，生长着一种奇怪的草本植物。它们的个头不高，但是散发出一种特殊的气味。人们称之为臭菘。

臭菘有种特殊的能力，能使花苞内始终保持温暖。这种能力和它的呼吸方式相关。

植物除了能够进行光合作用，也能够像人类一样进行呼吸作用。植物进行光合作用时，利用太阳光提供的能量，将水和空气中的二氧化碳合成有机物，并释放出氧气。植物进行呼吸作用时，则消耗氧气和光合作用产生的有机物，分解成水和二氧化碳，并释放出能量。臭菘能够通过一种特殊的呼吸方式，释放大量热能。

研究发现，在环境温度低于5℃时，臭菘通过这种特殊的呼吸方式，可以让花序温度达到30℃，不仅能够避免植物花序被低温冻坏，还能够促使花的气味散发，吸引昆虫传粉。

可怜又无辜的绵头雪兔子

绵头雪兔子生长在海拔很高、环境恶劣的高山流石滩，但这依然阻止不了人类的采摘。很多人把绵头雪兔子误认成雪莲，见到就采；还有人大批量采摘出售。这类行为是违法的，要知道，绵头雪兔子可是国家二级保护植物。

为什么黑背钟鹊能打开彩穗木的"保温套"?

彩穗木的"保温套"——花瓣很坚硬，用镊子才能撕开，为什么黑背钟鹊能轻松打开？因为黑背钟鹊拥有非常锋利的尖喙，而且当它们处于繁殖期时，攻击性非常强。在澳大利亚，甚至发生过很多起黑背钟鹊啄伤人的事件。如果去澳大利亚，可一定要躲着点儿它们。

14

观赏茶花不是茶树开的花吗？

茶花艳丽多彩，是出名的观赏花卉，不过，这么美丽的花跟茶树可一点儿关系也没有。茶花是山茶开的花，花朵颜色丰富多彩，有红色、粉色、黄色、白色等，而茶树开的花则大多是白色的。可千万别搞错了哟。

宝藏植物臭菘

别看臭菘味道不好闻，但它的根、茎、种子和叶子都是药材，就是一活脱脱的宝藏植物。不过大量食用臭菘的根和种子也会中毒，引发恶心、头痛、视力模糊等症状。臭菘亲自教导我们"是药三分毒"的道理。

15

选一选

叶子能冲泡成饮品的植物是（　　）。

A.绵头雪兔子　　B.彩穗木　　C.茶　　D.臭菘

连一连

 绵头雪兔子

A.靠散发香气御寒

 茶

B.靠花瓣保温

 臭菘

C.靠白色绒毛保暖

 彩穗木

D.靠呼吸方式打造温室

答案　选一选：C。
连一连：绵头雪兔子连C，茶连A，臭菘连D，彩穗木连B

16

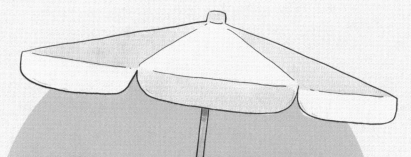

救助群：植物也会搬救兵

可别小瞧植物，它们不会动，但遇事会搬救兵 ＞

静默不动的植物，面对来自外界的伤害，比如动物的啃噬，是不是只能毫无反抗之力地被动承受呢？事实并非如此，它们聪明地学会了"搬救兵"——借助其他动物或一些化学物质的力量，赶走那些欺负自己的动物或植物。比如，蚕豆会吸引七星瓢虫帮助自己赶走蚜虫；棉豆通过召集小植绥螨，帮助自己赶走讨厌的叶螨；水青冈借助蚂蚁的力量来保护自己；黑胡桃会产生毒素，让毒素驱逐自己周边生长的植物，避免它们与自己争抢营养物质。可不要小瞧了植物，它们厉害着呢！

19:30   36%

朋友圈

蚕豆
嘻嘻，看我不会动就想欺负我？没门儿！咱可是有帮手的。@七星瓢虫

1分钟前

♡ 七星瓢虫

棉豆：我也有帮手，是我最喜欢的 @ 小植绥螨。

水青冈：这年头，谁还没有个帮手啊，@ 蚂蚁快出来！

黑胡桃：你们都好厉害啊，能叫来帮手，好羡慕！

蚕豆回复黑胡桃：你产生的毒素能赶走欺负你的植物，你就是自己的帮手呀。

黑胡桃回复蚕豆：这倒也是，嘿嘿，那我也是有帮手的啦！

撒散兵植物的聚会

我叫**蚕豆**，属于被子植物门双子叶植物纲豆科的草本植物。我的种子是人类喜爱的食物，有一种传统的小吃叫"兰花豆"，就是用我的种子制作的。

我叫**棉豆**，和蚕豆一样属于豆科草本植物，我的种子同样是人类喜爱的食物。我的故乡是美洲热带地区，但现在热带和温带地区都可以看到我的身影啦。

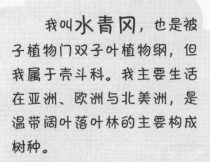

我叫**水青冈**，也是被子植物门双子叶植物纲，但我属于壳斗科。我主要生活在亚洲、欧洲与北美洲，是温带阔叶落叶林的主要构成树种。

我叫**黑胡桃**，也叫黑核桃，和它们三位伙伴一样，属于被子植物门双子叶植物纲，但我属于胡桃科胡桃属的多年生乔木，通常高 20~30 米。

蚕豆

自救与求救，
双重防御保护嫩叶

蚕豆是一年生草本植物，是人类很早就开始栽培的古老豆类作物。

人们在种植蚕豆的过程中，发现蚕豆有一种天敌叫作巢菜修尾蚜。这种蚜虫很喜欢在蚕豆新长出的叶片上落脚。幼嫩的蚕豆叶片中含有大量的有机物质，细胞壁也比较薄。巢菜修尾蚜可以轻松地将它们的刺吸式口器插入蚕豆的嫩叶中，直接吸食叶片韧皮部中的营养物质。

有没有小伙伴能来救命啊！在线等，挺急的！

面对巢菜修尾蚜的攻击，蚕豆会迅速在韧皮部中形成一种含有许多钙离子的碳水化合物，这种化合物属于黏稠的多糖类物质，能慢慢封堵住叶片的筛孔以及被蚜虫的口器打出的洞，阻止营养物质外流。

但蚕豆的防御通常换来的是巢菜修尾蚜更猛烈的攻击。巢菜修尾蚜开始分泌唾液，它们的唾液中包含钙离子的绑定蛋白，这些蛋白可以阻止独立的钙离子改变结构，这样蚕豆就没法堵住巢菜修尾蚜的采食管道了。

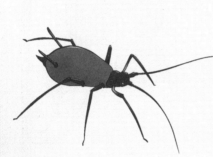

营养物质还在外流，这该怎么办？蚕豆立即开启第二套防御模式：叶片的韧皮部细胞改变代谢路径，产生大量的次生代谢物，释放求救信号，吸引附近的食蚜瘿蚊和七星瓢虫。食蚜瘿蚊和七星瓢虫循着蚕豆散发出的次生代谢物的气味飞过来，一看到巢菜修尾蚜，就开始大快朵颐。很快，巢菜修尾蚜就都被消灭干净了。

棉豆
利用化学信号，召唤帮手解除危机

棉豆是一种一年生或多年生缠绕草本植物，成熟的种子在很多地方作为蔬菜食用。科学家发现这种植物很聪明，它们能够通过释放化学信号，召唤动物帮手，帮助自己吃掉或驱逐敌人。

吃吧吃吧，等我的救兵来了你们就完蛋了，嘿嘿。

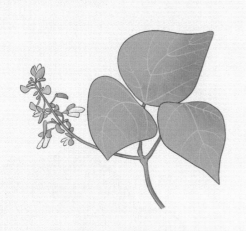

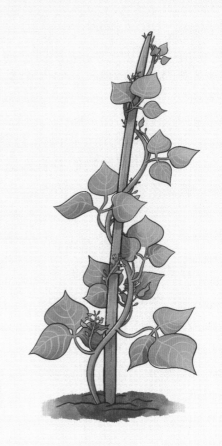

有一种叫叶螨的小动物非常喜欢吃棉豆的叶片，这种小动物外号叫红蜘蛛，繁殖力很强，抗药性也非常强，是一种很难对付的害虫，但棉豆却一点儿也不畏惧它。

当叶螨侵害棉豆时，棉豆会形成一些能够挥发到空气中的化学物质。很快，叶螨的天敌小植绥螨就会循着挥发物的气味赶过来。小植绥螨对着叶螨一边大口吃着，一边大力驱赶，很快叶螨就都消失不见了。吃饱喝足的小植绥螨满意地离开，棉豆的危机也顺利解除了。

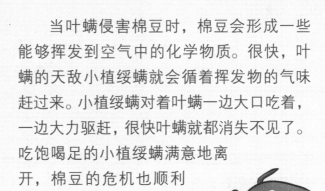

水青冈

利用动物共生关系，做出牺牲换取强力保护

水青冈是一种高大的乔木，它很善于利用动物的力量来保护自己，甚至不惜做出部分牺牲。

有一种介壳虫很喜欢趴在水青冈的茎上，将自己的口器刺入水青冈体内，直接从水青冈的韧皮部吸取养分。介壳虫吸食完营养物质后，会向体外排出一种含有很多糖分的液滴，这种香甜可口的蜜露液滴是蚂蚁的最爱。所以通常有介壳虫出现的地方就能看到蚂蚁的身影。

可爱的蚂蚁，快来呀，我给你们准备舒适的住处啦，还有好多好吃的哟！😄

蚂蚁会很用心地看护能够提供甜食的介壳虫，对于任何可能威胁到介壳虫以及介壳虫生活环境的昆虫、哺乳动物，蚂蚁都会展开攻击。这样，蚂蚁相当于变相地保护了水青冈。

为了能得到蚂蚁的长久庇护，水青冈不惜将自己一部分叶片的叶轴部位变为中空，腾出地方供蚂蚁居住，好让蚂蚁不用长途跋涉回家，能够更安心地看护介壳虫。

有研究人员曾经怀疑，水青冈没有直接给蚂蚁提供食物，介壳虫还在不断吸食水青冈体内的营养，那到底水青冈有没有

受到蚂蚁的保护呢？为此，他们做了一个实验：将水青冈一部分叶轴中的蚁窝摘除，一段时间后发现，与没有摘除蚁窝的水青冈相比，被摘除蚁窝的水青冈叶片被动物啃噬得更多、伤害更大，叶片脱落的情况更厉害。可见水青冈确实通过做出少量牺牲，获得了蚂蚁的保护。

黑胡桃 释放毒素，保护自己

黑胡桃是一种主要分布于北美洲、北欧地区的乔木，我国的华北、西北和华中地区也有栽培。黑胡桃树形高大，叶子像羽毛一样排列在叶轴两侧。花期在5月，雌雄同株。果实呈圆球形。早在2000多年前，人们就发现，黑胡桃很奇特。黑胡桃树下很少见到其他植物，而它附近的其他树下却杂草丛生。

你们这些讨厌的杂草，赶紧走开，不然我就毒死你们！

1925 年，研究人员做了一个实验，从黑胡桃树干旁开始直到 27 米远的范围内种植番茄和苜蓿。最后，16 米以内的植株全部死亡，16 米以外的则生长良好。而这恰好是黑胡桃根系的最远分布范围。由此人们认为，黑胡桃能够分泌一种化学物质，这种物质能够阻碍或者杀死附近的其他植物，以避免它们与黑胡桃争夺营养。

1955 年，研究人员分离并鉴定出了黑胡桃分泌的化学物质——胡桃醌。现代医学研究发现，胡桃醌是一种有毒物质，能够造成实验小鼠急性中毒死亡。黑胡桃就是借助这种有毒物质驱赶附近的植物，防止它们与自己争夺营养物质，从而保护自己的。

蚕豆种植大户——中国

中国的蚕豆生产量居世界首位，中国可谓是真正的蚕豆种植大户，但蚕豆并不是中国土生土长的豆类作物。公元 1 世纪，蚕豆传入中国，至今有 2000 多年的种植历史。关于"蚕豆"这个名字的由来，明朝著名医学家李时珍解释道："豆荚状如老蚕，故名蚕豆。"

什么是信息素？

棉豆释放出化学物质后，为什么小植绥螨马上就能赶来相助呢？这是因为这些化学物质是一种能传递某种信息的信息素。就好比我们带小狗到一个陌生的环境时，小狗过一会儿就撒一泡尿，这其实是小狗通过自己的尿液，向同类传递信息——我是谁，我是雄性还是雌性，我有多高，我的心情怎样，我的健康情况怎样，我什么时候来的这个地方，等等。

植物怎么传输营养物质？

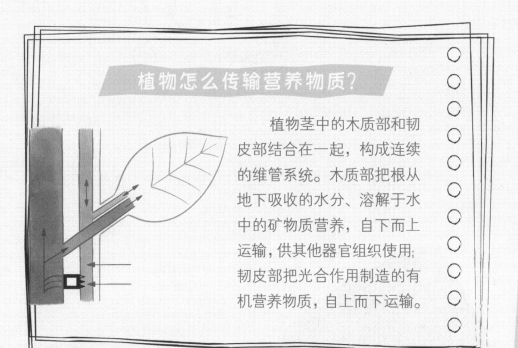

植物茎中的木质部和韧皮部结合在一起，构成连续的维管系统。木质部把根从地下吸收的水分、溶解于水中的矿物质营养，自下而上运输，供其他器官组织使用；韧皮部把光合作用制造的有机营养物质，自上而下运输。

世界四大名木之一——黑胡桃木

黑胡桃的木材颜色为紫褐色或黑褐色，结构细腻，木材强度和韧性中等，并具有优良的加工性能，加工后是高档的家具用材和室内装饰装修材料，与桃花心木、柚木、樱桃木一起被称为世界四大名木。

画一画

请在下面每片水青冈树叶上画几只蚂蚁，保护水青冈的安全吧！

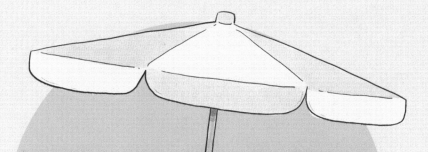

传粉君羊：
植物传粉有妙计

为了传粉，植物也是拼了老命了

对于植物来说，除了生存，另一件大事就是开花传粉，繁殖后代。有的植物只需要盛开花朵，就可以轻轻松松地静待清风或昆虫来传粉，有些植物却要为了传粉使出浑身解数。它们有的实行"广撒网"策略，有的为花粉装上"翅膀"，有的伪装成动物，有的甚至不惜丑化自己、装成腐肉。为了能传粉，植物也是拼了。

文心兰
当昆虫和植物被拉进同一个群后……

你看到的不是我，你看到的是漂亮的金黄色蝴蝶！@蜜蜂

蜜蜂
不许进入我的领地！我的领地我做主！看我把你赶走！

大豹皮花
你看到的不是我，你看到的是一大块腐肉！@苍蝇

苍蝇
嗯，的确有股腐肉的味道，特别像腐烂的毛肚，可为什么吃起来一点儿都不丝滑，还有点儿硌嘴呢？

1分钟前

♡ 侧柏、白皮松、大豹皮花

白皮松：真羡慕你们，能这么巧妙地传粉！看来我得多给花粉们生产点儿气囊了。

侧柏回复白皮松：你都能给花粉安上"翅膀"了，还羡慕什么，要羡慕也该是我，什么技能都不会。我今天一定要翻倍生产花粉，希望传粉成功的概率能大一些。

文心兰：大家为了传粉都不容易呀，咱们就别内卷了。

植物传粉交流会

我叫**文心兰**，我还有许多其他的名字，比如金蝶兰、跳舞兰等，属于兰科植物。我开花时非常漂亮，被人类广泛用于盆栽种植和插花。

我叫**侧柏**，又叫黄柏、香柏，属于柏科植物。我是一种四季常青的乔木，被用作园林绿化树种，人们在寺庙、庭院、公园里经常可以看到我的身影。

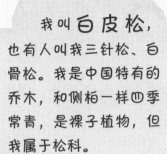

我叫**白皮松**，也有人叫我三针松、白骨松。我是中国特有的乔木，和侧柏一样四季常青，是裸子植物，但我属于松科。

我叫**大豹皮花**，又叫巨花犀角。我是被子植物。花如其名，我的花很大，花瓣上有横向的棕褐色斑纹，很像豹皮。

侧柏 自强不息，以量取胜，传粉无忧

只要我生产的花粉够多，总有一粒能传粉成功！😄

侧柏的小枝扁平，排列成一个平面，从侧面看就像是一条线似的，所以有了侧柏这个名字。侧柏四季常青，春夏之交开花。它的花序或者说球花中没有蜜腺，所以，即便是在侧柏开花的季节，也看不到有蜜蜂等传粉昆虫在侧柏树上飞来飞去。

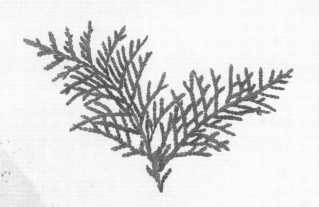

没有传粉昆虫的帮忙，那么侧柏要怎么传粉呢？当然是靠自己喽。

在侧柏开花时，一阵风吹过，我们经常能看到树上飘飞出一团黄色的东西，像雾又像烟，这其实就是侧柏的花粉。一株侧柏能产生数十万颗花粉粒，有风时，这些花粉粒就像一团烟雾般随风在空中飞舞，以获得传粉机会。

虽然这样的传粉方式过于随机，且缺乏方向性，导致不少花粉粒被浪费，但侧柏可观的花粉数量，提升了花粉传播成功的概率。正是借助于这种以量取胜的方式，侧柏才能够在地球上顽强生存，从恐龙时代一直延续到了现代。

白皮松

特殊结构清除距离阻隔，助力传粉

白皮松是中国特有的一种乔木。它的树皮白褐相间，白色居多，所以叫作白皮松。

飞吧飞吧，我的花粉宝宝们，飞到梦想的远方。😊

白皮松的花序中，也没有能够产生花蜜的器官，无法吸引喜欢花蜜的昆虫前来帮忙传粉。为了能成功传粉，白皮松想了一个妙招——给花粉们都安上"气囊"。

在显微镜下观察白皮松的花囊，会发现处于花囊中的花粉都长着两个膨大的"气囊"。这两个气囊就像鸟儿的翅膀一样，能够帮助白皮松的花粉在空中长时间飞舞。

白皮松的这种特殊结构，让花粉在空中飞舞的时间更长、距离更远，传粉成功的概率也就更大。有趣的是，白皮松的种子长有种翅，也像长了一个小翅膀一样。

文心兰

伪装成金色蝴蝶，
用智慧吸引传粉

文心兰的花非常漂亮，有人说它像穿着黄色裙子的少女，有人说它像正在飞翔的金黄色蝴蝶，所以它又叫金蝶兰。但这样的漂亮是有代价的，那就是文心兰没法产生花蜜！

听我说，谢谢你，因为有你，成功传播了花粉。😋

植物通常是通过花蜜散发的香甜气味来吸引昆虫帮助自己传粉的，没有花蜜，这可怎么传粉、怎么繁殖后代呢？

别急，文心兰自有妙计。我们都知道，动物有自己的领地，一旦有其他动物入侵了自己的领地，动物就会对入侵者发起猛烈的攻击。文心兰就利用动物的这个特点，将自己的生长区域定位在螯蜂的领地内。

一旦文心兰开花了，漂亮的花朵在微风拂动下，就像蝴蝶在空中飞舞。这对于螯蜂来说，就是入侵者在炫耀。面对这种挑衅，螯蜂会不管不顾地横冲直撞，对入侵者进行驱赶。于是，文心兰的花粉就在螯蜂的不断撞击下四处飞扬，顺利完成授粉。螯蜂帮助文心兰完成了花粉的传递，还浑然不知呢！

大豹皮花

别出心裁，反香为臭，达成授粉

在植物界，绝大多数植物的花，都带有或浓或淡的香甜味，闻起来让人心情舒畅，但大豹皮花是个例外。这类植物的花完全盛开时，不仅没有香味，还会散发出一种腐肉的气味。

我不是花，我就是一块腐肉，还是一块美味的腐烂毛肚哟！😊

这种气味，人类闻到时只想捏着鼻子赶紧跑开。但是，大量的双翅目昆虫，比如各种蝇类，以及一些喜欢吃腐烂食物的其他虫子，却会欢天喜地地前来。它们在大豹皮花巨大的花朵上爬来爬去，有些甚至在花朵上产卵，这在无形之中帮助大豹皮花完成了花粉的传递工作。

有科学家认为，大豹皮花花瓣上的毛，在形态上与毛肚非常相似。也就是说，从气味和触感上，大豹皮花都给苍蝇等喜欢吃腐烂食物的虫子造成了一种错觉：我不是花，我就是一块腐肉！难怪这些昆虫对盛开的大豹皮花趋之若鹜。

怎么辨别侧柏和圆柏？

很多人对同属柏科植物的侧柏和圆柏分辨不清，这两种植物到底有什么区别呢？首先，侧柏的树形幼年时像一个宝塔，长大了就不像宝塔了，圆柏的树形则从小到大都是宝塔的形状；其次，侧柏的叶片从侧面看是扁平的，圆柏的叶片从侧面看却是圆圆的；再次，侧柏的球果是椭圆形的，顶端有像小舌头一样的突起物，圆柏的球果是圆球形状的，上面没有突起物。现在，你能分清侧柏和圆柏了吗？

松树皇后——白皮松

白皮松是中国特有的树种，它的树态优美，树皮独特，适应性强，用于园林绿化，被广泛栽植，同时也深受人们的喜爱，被誉为"松树中的皇后"。

吉祥兰的由来

文心兰又叫吉祥兰，这个别名是怎么来的呢？据说宋美龄访问白宫的时候，第一次见到文心兰，她发现这种花的花瓣像极了中国汉字中的"吉"字，寓意吉祥，宋美龄十分喜欢，因此将它取名为"吉祥兰"。

腐臭的真相是什么？

大豹皮花能完美伪装成腐肉，归功于它散发出的腐臭气味，那么这些腐臭味到底是怎么形成的呢？目前研究认为，制造出这种腐臭味的主要成分，是某种含硫的化学物质，比如腐胺、尸胺等。

趣味充值

问答小测试

下面的植物都是用什么策略传粉的呢？请把相应的序号填在植物旁边的方框里。

1. □

2. □

3. □

4. □

A. 伪装成蝴蝶让蟊蜂驱逐，顺带传粉

B. 给花粉装上气囊方便飞散

C. 伪装成腐肉吸引苍蝇来传粉

D. 产出大量花粉，提高传粉概率

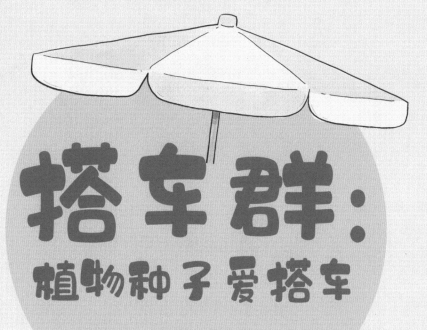

搭车群：

植物种子爱搭车

搭车技术哪家强，
种子显能大远航

种子散布方式多，今天咱来看一看。
蒲公英，变绒球，一阵风来就飞远，
毛茸小伞真可爱，果实就挂伞下边。
椰子果实大又圆，海水把它推送远，
来到一个新环境，扎根发芽建家园。
无花果，味道美，飞禽走兽来聚餐，
落入腹中变粪便，四处散落把家安。
凤仙花，真奇妙，能把指甲颜色变，
蒴果变出弹簧片，誓把种子弹很远。
如果你还没明白，请你随我往后翻！

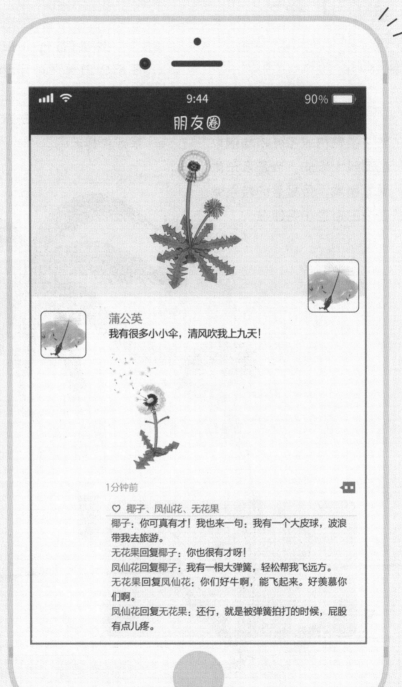

9:44　　90%

朋友圈

蒲公英
我有很多小小伞，清风吹我上九天！

1分钟前

♡ 椰子、凤仙花、无花果

椰子：你可真有才！我也来一句：我有一个大皮球，波浪带我去旅游。
无花果回复椰子：你也很有才呀！
凤仙花回复椰子：我有一根大弹簧，轻松帮我飞远方。
无花果回复凤仙花：你们好牛啊，能飞起来。好羡慕你们啊。
凤仙花回复无花果：还行，就是被弹簧拍打的时候，屁股有点儿疼。

种子爱搭车植物的交流会

我叫**椰子**，属于被子植物门单子叶植物纲，是棕榈科家族的一员。人类爱喝的椰汁就是从我的果实中提取的。

我叫**蒲公英**，属于被子植物门双子叶植物纲中的菊科大家族。我是多年生草本植物，最显著的特点就是我的白色小毛团啦。

我叫**无花果**，属于被子植物门双子叶植物纲中的桑科。我是在中国唐代时，从波斯传入的，现在在中国的南北方都有我的身影。我的果实是人类喜爱的水果。

我叫**凤仙花**，也是被子植物门双子叶植物纲的，但我属于凤仙花科。我还有一个别名叫"指甲花"，因为我的花可以用来当指甲油，让指甲变色哟。

蒲公英

绒毛小伞四处飘，种子传播借清风

草地上常能看到一种独特的植物，它长着几根长长的花葶，每根花葶的顶端都是一个白色的绒球。如果对着绒球吹口气，就会有很多白色的细绒毛随风飞舞。这种植物就是蒲公英。

起风了，起风了，我要撑起小伞去旅行啦！😋

蒲公英与向日葵相似，会在茎的顶端长出一个大花盘，大花盘的外围是舌状花，内部是管状花。蒲公英开完花后，会在花葶的顶端结出圆球状的白色毛团，毛茸茸的毛团里是蒲公英的种子。蒲公英种子的传播，依靠的就是毛团上那些冠状的白色绒毛。

蒲公英毛团上的绒毛，就像一把小伞。当有风吹拂时，蒲公英的种子被小伞携带着，随风飘远，落到新的环境中。

椰子

跟着大海去远航，海浪停处是我家

椰子，又叫椰子树，是主要分布在亚洲、非洲、拉丁美洲等地的滨海地区的高大乔木，通常高 15~30 米。椰子还是热带木本油料作物，具有极高的经济价值。

哗啦啦的浪花带我去远航，今夜就出发！

椰子的叶子比较大，长 3~4 米，羽状全裂。椰子的果实呈卵球状或近球形，直径 15~25 厘米。椰果的外表是一层果皮，果皮下面是纤维组成的壳，内部是可食用的果肉。新鲜的椰果中含有大量清澈的液体，叫椰子水，也是可以食用的。

椰果成熟落地后，大多会掉落到海水中。但大海并不是阻拦椰果远行的障碍，反而成了椰果可以借助的帮手。椰果随着海水漂流，到达一个新的环境，生根发芽。

无花果

美味诱惑，借助动物，完成种子传播

我不能动，那就让能动的动物帮我把种子传播出去吧。😊

无花果真的像它的名字那样，没有花吗？到底有没有花，把无花果切开看看就知道了。将未成熟无花果的果实纵向切开，能看到里边有很多小花，由于这些小花生长在果实内侧，只有一个小开口通向外侧，因此从外观上看不到花，所以人们把它称为无花果。

无花果主要生长在热带和温带地区。在热带雨林中，无花果是很多动物特别喜欢吃的水果，而且，绝大多数无花果生长在树的上部。当无花果的果实成熟时，无花果周边就成为动物的盛宴所在地。

无花果的果实被动物吃掉，果肉被消化，种子则随着动物的粪便被散布到很远的地方。就这样，借助动物的采食与排便，无花果的种子得以传播。

凤仙花 模拟弹簧弹力，帮助种子传播

看看咱自制的"大弹簧"，能弹多远弹多远，传播种子再也不用愁了。😛

凤仙花是一年生的草本花卉,科学家发现它的花头、花翅、花尾、花足等不同部位都有些上翘,就像凤凰一样,所以叫它凤仙花。

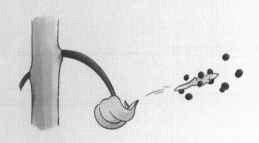

凤仙花结的果实上有4~5条纵向的纹路。果实成熟后,会沿着这些条纹形成裂片,裂片裂开的同时,就会像弹簧一样将凤仙花的种子远远地弹飞。

凤仙花就是通过模拟弹簧的性质,利用果实裂开时的弹力,来达到传播种子的目的。种子被弹飞到一个新的环境后,等条件适宜时,就可以生根发芽了。

知识卡包

"蒲公英"的名字怎么来的？

研究认为，蒲公英的名字经由唐代"凫公英"、宋代"仆公罂"、明初"鹁鸪英"，这样近似发音的转变，最终李时珍综合考虑选用了"蒲公英"的叫法，记录在了《本草纲目》里。如今，各地依然保留着有地方特色的各种称呼。

我们喝的白色椰汁是椰子水吗？

椰子水是椰子果实的液态胚乳，是接近无色透明的。椰果逐渐成熟，液态胚乳就会渐渐变成固态，也就是椰肉，而椰子水则慢慢消失。我们经常喝的瓶装椰汁，是由椰子果肉加工而成的，是白色的。

无花果是怎么传粉的?

无花果的花长在果实内部,是怎么传粉的呢?这得感谢榕小蜂。榕小蜂是一种会在无花果中繁育后代的昆虫,它们顺着无花果顶部的小孔钻入果实中,把产卵器插入无花果的花朵柱头,穿过花束,找到合适的产卵位置。当榕小蜂在无花果内爬动时,它们也将身上携带的雄花花粉散播在了雌花柱头上,这样便完成了授粉。

凤仙花瓣的神技

凤仙花的花朵有很多种颜色,比如大红、粉红、紫色、黄色、粉紫等。将凤仙花的花瓣捣碎,用树叶包在指甲上,就能给指甲染上鲜艳的颜色,就像我们买来的指甲油那样神奇。因此,凤仙花也拥有了一个别名——"指甲花"。

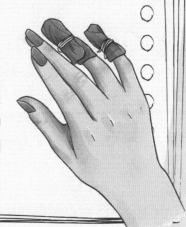

趣味充值

猜一猜

尖尖叶子，火红小花。姑娘用它，染红指甲。

（打一植物）

连一连

 蒲公英

单子叶植物

 椰子

 无花果

双子叶植物

 凤仙花

连一连：蒲公英、无花果是双子叶植物　椰子是单子叶植物
猜一猜：凤仙花
答案

爆笑植物爱群聊

隐身群：植物也爱玩隐身

刘海明 著

夏欣然 绘

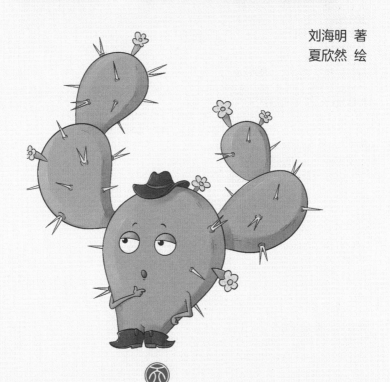

天地出版社 | TIANDI PRESS

图书在版编目（CIP）数据

爆笑植物爱群聊 / 刘海明著；夏欣然绘. — 成都：
天地出版社，2024.4
ISBN 978-7-5455-8062-4

Ⅰ.①爆… Ⅱ.①刘… ②夏… Ⅲ.①植物—儿童读
物 Ⅳ.①Q94-49

中国国家版本馆CIP数据核字（2023）第247622号

BAOXIAO ZHIWU AI QUNLIAO

爆笑植物爱群聊

出 品 人	杨　政	
著　　者	刘海明	
绘　　者	夏欣然	
总 策 划	陈　德	
策划编辑	王　倩	刘静静
责任编辑	王　倩	刘静静
美术编辑	周才琳	
营销编辑	魏　武	
责任校对	张月静	
责任印制	刘　元	葛红梅

出版发行	天地出版社
	（成都市锦江区三色路238号　邮政编码：610023）
	（北京市方庄芳群园3区3号　邮政编码：100078）
网　　址	http://www.tiandiph.com
电子邮箱	tianditg@163.com
经　　销	新华文轩出版传媒股份有限公司

印　　刷	北京瑞禾彩色印刷有限公司
版　　次	2024年4月第1版
印　　次	2024年4月第1次印刷
开　　本	710mm×1000mm 1/16
印　　张	18
字　　数	272千字
定　　价	100.00元（全4册）
书　　号	ISBN 978-7-5455-8062-4

咨询电话：（028）86361282（总编室）
购书热线：（010）67693207（营销中心）

如有印装错误，请与本社联系调换。

目录 contents

气味群：植物气味有个性

我就是我，散发着不一样的气味

独特花形群：开花植物有个性

要开就开不一样的花朵，绝不随波逐流

隐身群：植物也爱玩隐身
想见到它们的真貌，那就努力找一找

异能大师群：植物也有奇功异能
异能高手处处有，植物界也不例外

气味群：
植物气味有个性

我就是我，散发着不一样的气味

植物是大自然的馈赠，它们制造的氧气使地球上的人类和动物得以生存，而且植物各不相同的特点也为我们提供了观赏的乐趣。它们的形态或高或矮，或笔直或蜷曲；它们的花朵有的硕大有的碎小，颜色各异；即便是植物散发的气味也都拥有自己的个性，比如栀子的花朵散发出浓郁的清香味，巨魔芋的花儿散发的是腐臭味，石楠开的花儿有一股鱼腥味，藿香的茎则能散发出一种混合型的气味。正是这些有个性的植物为世界增添了趣味。

9:44　90%

朋友圈

栀子
我的花朵又白又香人人爱，这个奖必然是我的，请大家帮我投一票，感激!

[链接] 气味最有个性植物评选大赛火热进行中，欢迎各位踊跃投票!

66 种植物朋友，你选哪一种?

🌸 大自然盟友会

1分钟前

♡ 藿香、栀子

巨魔芋：人家说的是气味最有个性的植物，又不是气味最受欢迎的植物，你靠边儿站吧，就冲我开花时候的腐臭味，这个奖必须是我的!

石楠回复巨魔芋：必须是你的? 你问过我的意见了吗? 我开花时的鱼腥味不够有个性?

藿香：我就喜欢看你们斗嘴，真热闹。

栀子回复藿香：呀，藿香姐姐来了。按它俩说的气味有个性，那我要投你一票。

藿香回复栀子：栀子妹妹，这可别，我的花儿不像你们那样气味突出。

栀子回复藿香：可是你的茎很有个性呀，能散发一种特别的混合气味，我很喜欢。

藿香回复栀子：谢谢你，比心。

有气味植物的聚会

我叫**巨魔芋**，又叫泰坦魔芋，拥有巨型的叶片和花朵。我属于被子植物中的天南星科，主要生活在印度尼西亚苏门答腊岛西部的热带雨林里。

我叫**石楠**，来自被子植物蔷薇科大家族，和玫瑰、月季是亲戚。我的生存能力很强，剪取一段枝条插在土中就能成活。

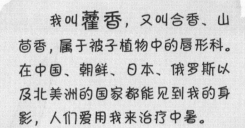

我叫**藿香**，又叫合香、山茴香，属于被子植物中的唇形科。在中国、朝鲜、日本、俄罗斯以及北美洲的国家都能见到我的身影，人们爱用我来治疗中暑。

我叫**栀子**，是被子植物茜草科家族的一员。像藿香一样，我也是一种药材。我也能像石楠那样，通过扦插枝条繁殖。

巨魔芋 硕大花朵，释放刺鼻腐臭味

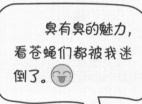

臭有臭的魅力，看苍蝇们都被我迷倒了。😄

巨魔芋是一种生活在苏门答腊岛热带雨林的多年生草本植物。它的叶片直径最大能达到 5 米，而叶柄的长度能达到 4 米。

巨魔芋最奇特的地方在于它的花朵气味。巨魔芋的花序有3米长，花序在开放时会散发出一股刺鼻的尸臭味。人们曾用"大堆的尿片、腐烂的鱼配上腐烂的洋葱、大热天的农场中死了一头牛"等说法来评价巨魔芋开花时释放出的气味。它简直就是植物界的臭味担当。

巨魔芋的花朵之所以会散发出这种独特的气味，是因为其中含有硫化物。这种气味不为人类所喜爱，对苍蝇来说却充满了诱惑。苍蝇嗅到这种独特的气味后，会努力钻进花朵中寻找恶臭气味的来源。苍蝇在不同的巨魔芋花序中爬行时，就帮助巨魔芋完成了花粉的传递。

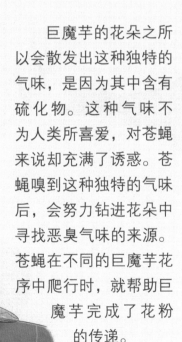

石楠 花朵腥臭的绿化树种

石楠是一种分布在中国、日本、印度尼西亚的常绿灌木或小乔木。石楠在开花的时候，会释放出一种特殊的气味，闻起来好像是鱼腥味。这种气味比较刺鼻，蝴蝶和蜜蜂都不会往它的花上落。

上辈子我一定很爱吃鱼，所以到现在身上还有鱼腥味。😄

石楠花之所以会释放出这样的味道，是因为它们的花朵会产生一种叫作三甲胺的化学物质，这种物质在常温下能够释放出强烈的鱼腥味。这种气味能帮助石楠吸引喜欢这种气味的传粉生物。

石楠花的气味虽然不太好闻，但石楠具有很强的降低二氧化硫、氮氧化物浓度的作用，因此一些城市依然选择石楠做绿化树种。

藿香

香气特殊、用处多多的宝藏植物

> 我的香气是如此的层次丰富，闻过一次，一定让你终生难忘。

藿香是一种多年生草本植物，在我国各地广泛分布。在古代，人们把豆叶称为"藿"，因为藿香的叶片与豆叶很像，又具有香气，所以就有了这个名字。

藿香的香气很特殊，把它的茎折断，可以闻到一种混合的气味，既有浓郁的树脂香气，又有淡淡的草本腥味，还混合着类似薄荷的清凉木质香气，同时也有一种中药的苦味儿。

藿香浑身都是宝，在1700多年前人们就已经认识了藿香，并在1000年前将它编入医典，作为药材使用。现代研究发现，藿香的提取物有发汗的作用；藿香挥发油能够促进人的胃液分泌，还能收敛止泻；藿香茎叶能提取芳香油，用作食品和化妆品的香料。

栀子 花朵洁白，气味芳香，人见人爱

栀子是一种多年生灌木，四季常绿。每年的6~8月，栀子会开出美丽的白花，这些花朵不仅清丽可爱，还会散发芳香，这种香味非常符合人们对于"花香"这个词的定义。

科学家研究发现，栀子花的主要香气成分可以在人工调配香料时作为增香剂使用，还可以用来调配香精、精油、洗涤剂香料。

栀子绿叶白花的造型，以及花朵的芳香味道，让栀子广受喜爱。人们常常种植栀子用来观赏，或者用于插

花。此外，栀子的花、果实、叶和根都可以做药材。四川省内江市、湖南省岳阳市还把栀子定为市花，可见栀子的受欢迎程度。

难得一见的巨魔芋花

巨魔芋花的气味很不讨喜，但它的花也不是你想见就能见的呢。巨魔芋的寿命长达数十年，但在它的一生中只会开两三次花，并且开花时间没有规律。花开放后，也仅能存留短短几天，等长出果实后马上就会枯萎。

植物传粉知多少

植物传粉分为自花传粉和异花传粉。自花传粉就是一朵花的花粉从花药上落到自己的柱头上，通常自己就能完成。异花传粉则是花粉从一朵花的花药上落到另一朵花的柱头上，这通常需要借助风或者昆虫、水流、鸟类等的帮助。

你能分清藿香和薄荷吗？

藿香有个外号叫作"大叶薄荷"，它和薄荷长得十分相像。想要分清到底是藿香还是薄荷，可以看它们开的花。藿香的花长在主枝和侧枝的顶端，叫作顶生花；薄荷的花长在叶子和主茎连接的地方，叫作腋生花。

没有种子也能繁殖？

有些植物靠种子繁殖，有些植物能够通过扦插的方式，形成新的植株。扦插，又叫插条。可以剪取植物身上的枝条、叶子、嫩芽、根等，插在土里、沙里，或者泡在水中，等长出根再栽种到土壤中。这是一种很常用的植物繁殖方式，属于无性繁殖。

圈一圈

从下列植物中，圈出你最喜欢的植物，并说说理由吧！

巨魔芋

栀子

藿香

石楠

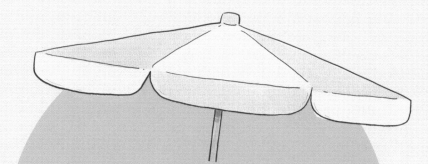

独特花形群：
开花植物有个性

要开就开不一样的花朵，绝不随波逐流

说到花的形状，我们马上会想到牵牛花那样的喇叭形、合欢花那样的扇形、绣球花那样的球形……假如我说有种植物的花，看起来像是捧着白毛巾的仆人；有种植物的花，看起来就像是孙悟空的脸；有种植物的花，看起来就像是性感的大嘴唇；还有种植物的花，侧面看起来像是飞行中的小鸭子……你一定觉得我在开玩笑吧。但我要郑重告诉你，我说的都是真的，这些花的名字分别是达尔文蒲包花、猴面小龙兰、嘴唇花和飞鸭兰……

独特花形植物的聚会

我叫**猴面小龙兰**，还有个外号叫"猴脸兰花"。因为我的花朵像猴子脸，还有两根长刺和长萼片，像两条小龙，所以有了猴面小龙兰的名字。我属于被子植物中的兰科。

我叫**达尔文蒲包花**，因为我独特的外形，我还有"外星人要饭花""快乐外星人花""达尔文的拖鞋花"等别称。我属于被子植物中的蒲包花科。

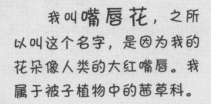

我叫**嘴唇花**，之所以叫这个名字，是因为我的花朵像人类的大红嘴唇。我属于被子植物中的茜草科。

我叫**飞鸭兰**，是独属于澳大利亚的一种兰花，学名叫卡莉娜兰。因为我的花朵像小鸭子，所以有了飞鸭兰的中文名。和猴面小龙兰一样，我也属于被子植物中的兰科。

达尔文蒲包花

奇特花形，妙用白色，成为视觉焦点

万花丛中一点白，我就是那个最靓的仔。😋

南美洲最南端的岛屿——火地岛上，生长着一种奇特的植物，它的名字叫作达尔文蒲包花，是一种多年生宿根植物。

达尔文蒲包花的花朵特别有趣。有人说它的花像是一位穿棕黄色裙子的女士挎着一个白色的包包，有人说它的花像卖东西的小贩，有人说它的花像一只拖鞋，还有人说它的花像拿着一块白毛巾的仆人。

达尔文蒲包花的花朵为什么长成这样，没有人知道。

不过，人们在观察达尔文蒲包花的时候发现，当地的一种小型鸟类——小籽鹬在啄食这种花的过程中，会特别关注花朵的白色部分。或许，花朵中反差比较大的白色，是为了吸引鸟类等小动物的视觉注意，在鸟类不断啄食的过程中，花粉就会被动地发生转移。当小鸟在不同的花朵之间飞落，就达到了异花传粉的目的。

23

猴面小龙兰

猴脸造型，模仿蘑菇，吸引传粉者

我本意是想模仿蘑菇的，哪知一不小心变成了猴子脸，这真的是个意外！

南美洲西北部厄瓜多尔、哥伦比亚、秘鲁等地，生长着一种看起来非常特殊的兰花类植物，它们的名字叫作猴面小龙兰。

猴面小龙兰在开花的时候，张开的花朵看起来就像是一张小猴子的脸。仔细观察，能够看到花朵中不同的花瓣以及花蕊组成了小猴脸的不同部位，比如花朵最外边的三片萼片，组成了猴脸部分；两侧的侧生花瓣，组成了猴脸上的眼睛；花蕊柱组成了猴脸上的鼻子；而唇瓣部分则组成了猴脸上的嘴巴。

有些人认为，猴面小龙兰长成猴脸的样子，是想让猴子过来帮忙传粉。其实想多了。按照尺寸计算，这株植物高度也不过30~40厘米，一朵花的直径最大7~8厘米，猴子不会对它们产生兴趣。

科学家发现，猴面小龙兰的唇瓣部分——就是猴脸的嘴巴部分，就像是一个倒扣的蘑菇，内部还有类似于蘑菇菌褶的结构，甚至还能产生一些类似蘑菇的气味。所以，研究人员认为，猴面小龙兰的花朵模仿的是蘑菇。研究人员还发现，一些以蘑菇为食的果蝇就是猴面小龙兰的主要传粉者。为了能够吸引传粉者前来，植物也是煞费苦心啊！

嘴唇花

花色鲜艳，花形怪异，
烈焰红唇，标新立异

姐的"大红唇"
不是假的，不是假的，
不是假的，重要的事
情说三遍！

中美洲和南美
洲一些国家的热带
雨林中，生长着一
种多年生灌木或
小乔木，叫作嘴唇
花，它们的造型之
别致，让人印象特
别深刻。

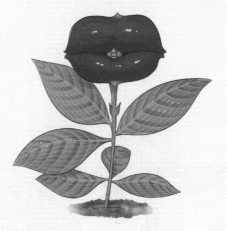

远远看上去，嘴唇花的花朵外形酷似人类性感诱人的大红唇。而且这花怎么看，都感觉是经过技术处理过的，不像真实的。

研究人员发现，嘴唇花的花朵中形似大红唇的部分，并不是真正意义上的花瓣，而是花朵的苞片部分。

嘴唇花为什么将自己的花长成这个样子？有研究认为，它是为了突出自己，吸引蝴蝶等传粉昆虫和蜂鸟前来。嘴唇花通常生长在热带雨林的中下层，在这种光线不充足的地方，大红色更能吸引传粉者的注意力。

飞鸭兰

花如飞鸭，内有通道，传粉有秘诀

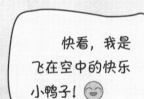

快看，我是飞在空中的快乐小鸭子！😊

在澳大利亚大陆上，有一种兰花非常奇特，它的花朵从侧面看，像极了一只凌空飞起的小鸭子。其中小鸭子的嘴巴、头部、翅膀、尾巴等部位都非常清楚，十分生动。这种兰花叫作飞鸭兰。

飞鸭兰花朵的特殊造型，是为叶蜂准备的。当叶蜂飞过飞鸭兰的花朵时，如果不小心碰到了花朵的鸭头部位，这个部位就会向下垂砸在叶蜂身上，花朵的震动

引起花粉脱落，叶蜂的身上就粘上了花粉。当它再碰到另外一株飞鸭兰的花朵时，叶蜂就在毫不知情的情况下，帮助飞鸭兰实现了异花传粉。为了能够吸引叶蜂前来传粉，飞鸭兰也是绞尽脑汁。

飞鸭兰这种植物是澳大利亚独有的。研究人员认为，澳大利亚四面环海，孤立的生态环境造成这块大陆上的动植物都有了自己独特的形态。正是这种特别的环境，促使了飞鸭兰这种独特植物的诞生。

为什么叫"达尔文蒲包花"?

　　1830年，英国著名的博物学家、进化论奠基人达尔文，在南美洲南端阿根廷、智利两国共治的火地岛发现了这种蒲包花。因此它被命名为"达尔文蒲包花"，也叫"达尔文的拖鞋花"。

神秘的猴面小龙兰

　　猴面小龙兰通常生长在海拔2000米左右的地区，非常隐秘，因此很难被人发现。1978年，植物学家卡尔·鲁尔将它命名为"猴面小龙兰"。它能够在任何季节开花，散发出的气味与成熟的橘子类似。

濒临灭绝的嘴唇花

奇特的嘴唇花主要分布在哥伦比亚、哥斯达黎加、巴拿马、厄瓜多尔等国家，它们通常生长在海拔 350~1300 米的阔叶林、山坡林中，以及热带森林的灌木丛中。由于人类无节制地砍伐森林，该植物已濒临灭绝。

飞鸭兰与鸭嘴兽

在澳大利亚，不仅有花朵像鸭子的植物——飞鸭兰，还有嘴巴像鸭嘴的哺乳动物，这种神奇的卵生动物就是鸭嘴兽。这么说来，飞鸭兰和鸭嘴兽真是缘分不浅，它们不仅是"老乡"，连长相都有类似的地方呢。

画一画

你能把下列造型奇特的花朵的茎、叶部分画出来吗？画完后，别忘了涂上颜色哟。

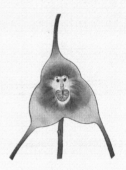

隐身群：
植物也爱玩隐身

想见到它们的真貌，那就努力找一找

我们经常见到的植物，基本都会有根、茎、叶、花、果实这些部位，而且我们能很明显地区分出来。但有些植物却喜欢将自己的一部分隐藏起来，热衷于玩躲猫猫游戏，让我们很难找出它们隐藏的部分。你知道无花果的花在哪里吗？落花生开完花后，果实跑到哪里去了？浑身长刺的仙人掌，它的叶子在哪里？被称为痒痒树的紫薇，真的是没有树皮吗？要想知道这些问题的答案，就让我们一起走近这些植物，破解它们的隐身术吧。

19:30　　　　36%

朋友圈

无花果
大家一起来玩游戏吧，各自说一个属于自己的秘密。我先来，我其实有花，我的花就藏在我的果实里。

1分钟前

♡ 仙人掌、落花生

落花生：原来是这样啊，怪不得哪里都找不到你的花。那我也来一个，我的果实其实长在地下。
紫薇回复落花生：我也跟风来一个，其实我有树皮，就是我身上那层特别薄的膜。
仙人掌回复紫薇：啊？你那也能叫树皮啊？
无花果回复仙人掌：先别说别人了，快说说你的秘密吧。
紫薇回复仙人掌：我们几个当中，就数你长得最特别，肯定身上藏着大秘密。
仙人掌回复紫薇：我没啥秘密啊。
紫薇回复仙人掌：那我问你，你把你的叶子藏到哪里去了？
仙人掌回复紫薇：我没藏呀，就是我身上的刺啊。

隐身植物的游戏聚会

我叫**仙人掌**，来自被子植物中的仙人掌科大家庭。我有个外号叫"沙漠英雄花"，因为我常常生长在沙漠中，能够忍受炎热和干旱。

我叫**无花果**，属于被子植物中的桑科家族。我通常高3~10米，喜欢生活在热带和温带地区。人类常爱把我的果实当水果吃，或者做成蜜饯。

我叫**紫薇**，是被子植物中的千屈菜科大家庭的一员。我可以长到7米高，能开出美丽的花朵，而且花期很长，因此我还有一个外号叫"百日红"。

我叫**落花生**，也有人叫我花生、长生果，我也是被子植物，但属于豆科。我的果实可以榨油，还是人类爱吃的坚果之一。

无花果

名无花实有花，
花藏果中，花果同生

隐身术——变！猜猜
我的花藏到哪里去了？😋

无花果是一种落叶灌木或小乔木，在汉代传入我国，现在在我国的南北方都有栽培，在新疆维吾尔自治区南部生长最多。

无花果，顾名思义是没有花的果子，但它真的没有花吗？答案是，花就藏在无花果的果实里。将未成熟的无花果果实纵向切开，能看到里边有很多小花，这些小花由于生长在果实内侧，从外表看是完全看不到的，所以才会被人误以为无花果没有花。

如果将无花果的花展开，就能看到无花果的花其实是由很多小花组成的，和向日葵的花十分类似。只不过，无花果的花头看起来像是被隐藏起来了似的，所以被称作隐头花序。这种花序的花序轴膨大成为果实的可食用部分。

在无花果的果实上，有一个开口通向外侧，传粉的昆虫就通过这个小开口进入果实中，给无花果的花传粉。

落花生

果实藏进土壤中，黑暗潮湿好睡房

隐身术——变！
猜猜我的果实藏到哪里去了？😄

40

落花生是一种一年生草本植物，在我国很多地区都有种植。落花生有一个很神奇的能力，在它开完花后，它会使用隐身术，把自己的果实藏起来。藏到哪里呢？对于植物来说，最安全的地方当然是土壤里了。由于落花生在地面以上开花，在地面以下结果，所以它就有了"落花生"这个名字。

落花生到底是怎么把自己的果实藏到地下的？在落花生开完花之后，经过 3~4 天的时间，花朵完成传粉受精的过程，花瓣脱落，花茎慢慢垂向地面。与此同时，子房开始发育，随后，子房柄不断伸长，直至伸入地下。经过 50 天左右，落花生就在土下结出一大串果实了。

落花生为什么不像其他植物那样让果实长在枝头，而要费这么大功夫将它们藏在地下呢？科学家研究认为，这是因为落花生结果时喜欢黑暗、湿润的环境，而地面阳光太充足，所以落花生的子房会钻入土壤里，在地下结果。

仙人掌 变叶为刺,
沙漠之花的生存之道

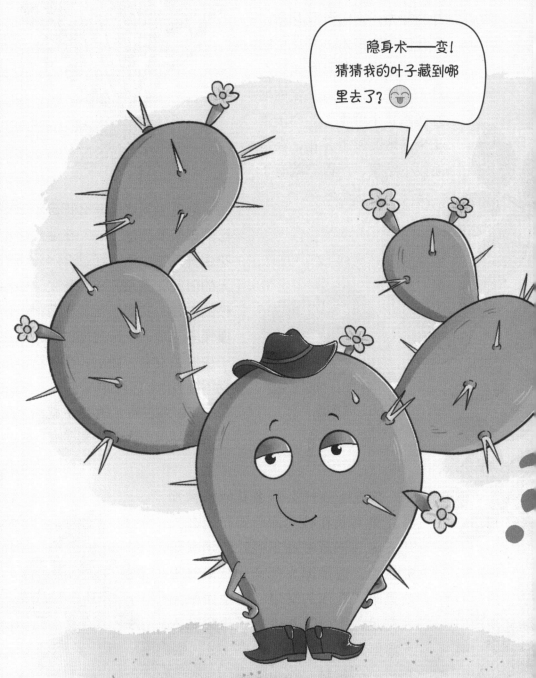

仙人掌是多年生肉质植物，种类很多，生长习性也各有不同。但它们的形态都很特别，绿色的茎上长满了小刺，看不到通常植物都会有的叶片部分，这让人不禁怀疑：仙人掌有叶子吗？

仙人掌当然有叶子，只是它们的叶片大多退化了，形成刺状。这种变化，是仙人掌的生存环境导致的。

仙人掌类植物绝大多数生活在干旱、炎热的沙漠、戈壁地带，这里每年下雨的时间很少，强烈的太阳光却会让植物通过叶片蒸发掉大量的水分。

怎么样才能减少水分蒸发呢？仙人掌想出了一个好办法——把叶子隐藏起来！仙人掌选择将几乎全部的叶片变化成刺。这样，通过叶片蒸发掉的水分就大大减少了。

紫薇 改色换形，隐藏树皮

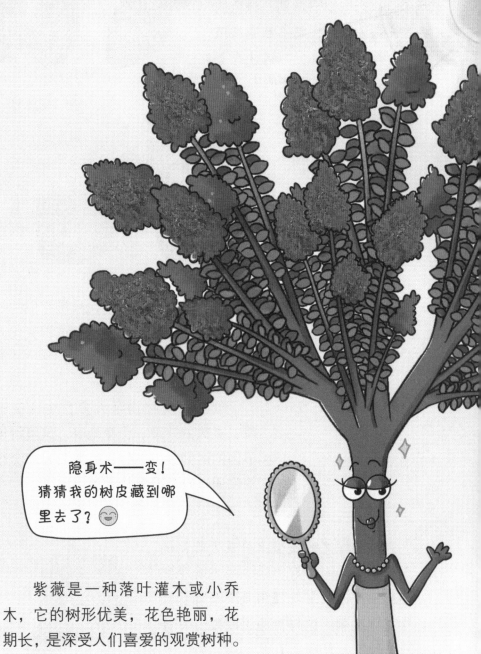

隐身术——变！
猜猜我的树皮藏到哪里去了？😊

　　紫薇是一种落叶灌木或小乔木，它的树形优美，花色艳丽，花期长，是深受人们喜爱的观赏树种。

紫薇最有意思的一点是，它会施展隐身术把自己的树皮藏起来。这是怎么回事呢？原来紫薇的树皮非常薄，而且很光滑，颜色是灰色或灰褐色的，这使得紫薇看起来就像是没有树皮似的。紫薇也因此赢得了一个"无皮树"的外号。

另外，紫薇的木质比较坚硬，枝干的根部和梢部粗细差不多，与我们经常见到的上细下粗的树木比起来，会显得头重脚轻。当摩擦紫薇的树干时，树干的震动很容易通过坚硬的树干传递到顶端的枝叶和花朵上，看起来整棵树都在晃动，于是紫薇又有了一个"痒痒树"的称号。

无花果居然是植物杀手?

你没看错，无花果和榕树一样，都属于绞杀植物，它们会通过紧紧缠绕所依附的植物，限制它长粗长大，并且抢占土壤中的水分和养料，对其他植物进行绞杀。不过这种绞杀现象通常只发生在生存空间狭小的热带雨林环境中。

番薯藏在地下的是果实吗?

我们知道，落花生喜欢玩把果实藏在地下的把戏。番薯似乎和落花生一样，在地面以上开枝散叶，而常被我们食用的那部分藏在地下。不过，那部分并不是番薯的果实，而是它的块根。

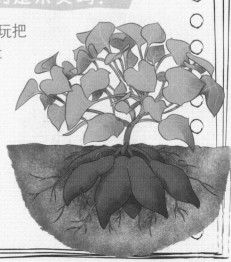

神奇的仙人掌茎

对于一棵仙人掌来说，它的茎是非常重要的。当仙人掌的叶片变成刺状后，光合作用就由表面分布着大量叶绿素的茎替代叶片来完成。此外，仙人掌粗壮的茎中通常储存着大量的水分，这些水分都是在雨季时收集起来的，它们能够帮助仙人掌熬过炎热干旱的时期。

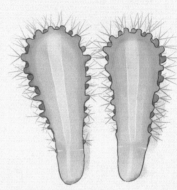

树皮有什么作用？

树皮是木本植物的韧皮部部分，能够将树木从根部吸收的水和矿物质营养运输到树枝上部。此外，树皮还对植物起到重要的保护作用，能够保证内侧的木质部不会被腐蚀或者被动物啃食。有些植物的树皮上甚至能够形成皮刺来保护植物。

趣味充值

猜一猜

1. 四季都常绿，

   不爱把水喝。

   随身把针带，

   没人敢惹它。

   （打一植物）

2. 麻屋子，

   红帐子，

   里面睡个白胖子。

   （打一植物）

3. 说它无花实有花，

   说它有花不见花。

   若要见花仔细寻，

   青青果实藏满花。

   （打一植物）

答案：1.仙人掌 2.落花生 3.无花果

48

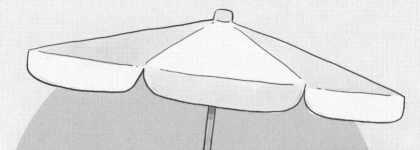

异能大师群：
植物也有奇功异能

异能高手处处有，植物界也不例外

有的植物可能是变色高手。

有的植物可能是天气预报专家。

有的植物可能是能不停发出哈哈笑声的乐天派。

有的植物可能是能将花瓣隐身的高手。

什么，你不相信？那就让我们一起走近这些植物吧。详细解读它们，你会知道，植物界也有许多"能人异士"。这些高手，可能就在你身边。

21:45   21% 🔋

朋友圈

忍冬
看我的金银双色蓬蓬裙好看吗?

1分钟前

♡ 青冈、马蹄芹

笑树：哈哈。大多数植物开花都是一种颜色,你还整成两种,怎么想的呢?

忍冬回复笑树：两种颜色好看呀！你能做到吗?

笑树回复忍冬：哈哈哈哈。这个不重要。我有笑声就够了。开心就好。

忍冬回复笑树：那你能像 @ 马蹄芹那样,把自己的花瓣变成隐形的吗?

笑树回复忍冬：哈哈哈哈。这个不重要。我有笑声就够了。开心就好。

有异功能植物的聚会

我叫青冈，是被子植物中壳斗科家族的一员。我可以长到20米高，喜欢生长在亚热带地区，是常绿阔叶林的重要组成树种。

我叫忍冬，也叫金银花，属于被子植物中的忍冬科家族。我的花朵很特别，有黄、白两种颜色，我的花还能做药材呢。

我叫**马蹄芹**，也有人叫我山荷叶，我也属于被子植物，但我属于伞形科家族。我通常高20~46厘米，喜欢生长在海拔1500~3200米的阴湿林下或者水沟边。

我叫**笑树**，又叫哈哈树，是一种乔木。顾名思义，我很喜欢笑。虽然我是植物，但我也能像人类那样发出哈哈大笑的声音哟。

忍冬

金银双色花朵中，暗藏变色绝技

忍冬是一种多年生常绿灌木，它具有缠绕或匍匐的茎。忍冬最典型的特征是它的花朵。忍冬的花盛开时，枝头上既有金黄色的花朵，也有银白色的花朵，"金银花"的俗称也由此而来。

小心点儿，可别碰坏了我心爱的金花、银花。

忍冬为什么会开出两种不同颜色的花朵呢？

研究人员观察发现，忍冬花会有两种不同颜色，是花朵变色造成的。忍冬花往往生在叶腋，也就是叶柄和茎的连接处。花瓣在花蕾形成初期是绿色的，接着变成白色，等花朵完全开放后花瓣又逐渐变成黄色。忍冬花这种色彩变化的能力，与花朵中蕴含的花青素、胡萝卜素等色素物质以及代谢关键基因的表达有关系。在花瓣的变色过程中，多种植物激素含量以及相关基因的表达水平的显著变化，共同造成了忍冬花色的变化。

彻底弄明白忍冬花色变化的原因，就可以利用忍冬花色变化的原理，尝试影响甚至改变某些植物开花过程中的色素等物质的变化规律，有选择性地培育出具有特定花色的植物。比如培育一批同时具有七种颜色的花。

青冈 叶片随晴雨变色，专业预报天气

青冈是一种常绿乔木植物，在我国许多地区都很常见，人们亲切地叫它"晴雨树、晴雨表"，因为它具有预报天气的神奇能力。

晴天的时候，青冈的树叶是深绿色的；经过长久干旱天气，在将要下雨前青冈的树叶会发红；等到雨过天晴，青冈的树叶又会恢复成原来的颜色。根据青冈树叶颜色的变化，人们便可以预测天气了。

青冈能够预报晴雨，是因为它的叶片颜色能够随着温度、湿度的变化而变化，更准确地说，是叶片中的叶绿素合成受环境影响比较大。我们都知道，植物的叶片中含有色素，其中叶绿素能够帮助植物进行光合作用，花青素让植物叶片、花朵呈现不同色彩。在一般情况下，青冈叶片中的叶绿素含量占据优势地位，所以叶片表现为绿色。在经过长期干旱，即将下雨之前，遇上闷热的天气，青冈叶片中的叶绿素合成受阻，使得花青素在叶片中的含量占据优势地位，于是叶片逐渐变成红色。雨后转晴，叶绿素的合成又占据了优势地位，树叶就又变成了绿色。

马蹄芹 借助水分，实现变透明异能

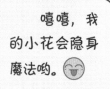
嘻嘻，我的小花会隐身魔法哟。

马蹄芹是一种一年生草本植物，主要生长在中国、日本和美国山区的潮湿阴暗环境中。它的叶片大而圆，叶柄长在叶片背面中央，这些特点和荷叶很相似，因此又被叫作"山荷叶"。

春天时，马蹄芹会开出可爱的小花朵。这些花在天气晴朗干燥的时候是白色的，一旦遇到下雨天，有水滴落在花瓣上时，花瓣就会神奇地由白色慢慢变成透明的，直到能看到花瓣上的纹路。当花瓣上的水分蒸发以后，花瓣又变回白色。

为什么马蹄芹的花瓣会发生这种变化呢？科学家认为，马蹄芹的花朵遇水后变透明，主要是因为水分容易侵入花瓣内的细胞间隙，由于水和细胞液折射率接近，消除了反射界面，透射部分增强，因此花瓣就显得透明了。当水分消失，花朵就又恢复正常了。这就像一个人贴身穿着的白衬衣，淋了雨湿透之后，白衬衣就变得透明了，几乎看不到白衬衣原本的白色。等白衬衣上的水分蒸发掉后，衬衣就又变为白色了。

笑树 种子撞击果皮，发出特异笑声

哈哈哈，当你觉得幸福时，你就笑一笑。😊

在非洲东部卢旺达首都基加利，有一个叫芝密达兰哈德的植物园。这个植物园里种植着一种神秘的小乔木，叫作"笑树"。

笑树有一个特异功能，那就是它能够像人一样发出"哈哈哈"的笑声。这主要是因为笑树的圆形果实外皮坚硬，在成熟时内部会形成比较大的空腔，为种子提供充足的活动空间，这与铃铛的内部结构类似。当风吹过时，果实内的种子在空腔中自由滚动，不断撞击果实的外壳，就产生了类似人类笑声的"哈哈"声，笑树的名字也由此而来。

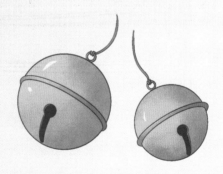

在我国也有一些植物的果实在成熟后内部形成空腔，比如栾树、马齿苋、车前等植物。但栾树胞果的外皮特别薄，没法在撞击时发出响声；马齿苋、车前等植物的种子比较小，在被摇晃的时候，发出的是哗哗声。

植物色素的大作用

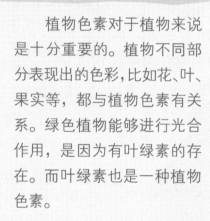

植物色素对于植物来说是十分重要的。植物不同部分表现出的色彩，比如花、叶、果实等，都与植物色素有关系。绿色植物能够进行光合作用，是因为有叶绿素的存在。而叶绿素也是一种植物色素。

能预报天气的树木还有哪些？

除了青冈具有预报晴雨的能力，生长在北美洲多米尼加的一种雨蕉也能够预知天气。当天将要下雨时，雨蕉的叶片上就会有水滴滴落。这是因为在高温环境下，当空气湿度变大时，雨蕉通过叶片表面的气孔散逸水蒸气的量减少，部分水蒸气只能停留在叶片表面，并由气态冷却为液态，就形成了水滴。

植物叶片为什么会往外"吐水"?

　　夜间或清晨，在空气湿润、树木比较多的环境中，植物的叶尖或叶子边缘有时会出现水滴，也就是会"吐水"。这是由于在这种环境下，植物通过叶片蒸发的水分比较少，而通过根部吸入的水分比较多，这些多余的水分只能通过叶尖或边缘的水孔溢出，最终集成水滴。

红豆杉的特异功能

　　说起拥有特异功能的植物，那就不能不提红豆杉。作为我国特有的树种，红豆杉有"植物界的大熊猫"之称。目前科学家研究发现，红豆杉能够帮助人们对抗癌症。从红豆杉的树皮中可以提取出紫杉醇，这种物质具有极高的抗多种肿瘤的活性。

填一填

请为下面植物选出它拥有的特异功能，并把相应序号填在方框里。

A. 发出"哈哈"声

B. 花瓣变透明

C. 花朵变色

D. 预报天气

E. 治疗癌症

答案：第一列C 第二列D 第三列B 第四列A

爆笑植物爱群聊

灵感群：植物教会人类的那些事

刘海明 著

夏欣然 绘

天地出版社 | TIANDI PRESS

图书在版编目（CIP）数据

爆笑植物爱群聊 / 刘海明著；夏欣然绘. — 成都：
天地出版社，2024.4
ISBN 978-7-5455-8062-4

Ⅰ.①爆… Ⅱ.①刘… ②夏… Ⅲ.①植物—儿童读
物 Ⅳ.①Q94-49

中国国家版本馆CIP数据核字（2023）第247622号

BAOXIAO ZHIWU AI QUNLIAO

爆笑植物爱群聊

出 品 人　杨　政
著　者　刘海明
绘　者　夏欣然
总 策 划　陈　德
策划编辑　王　倩　　刘静静
责任编辑　王　倩　　刘静静
美术编辑　周才琳
营销编辑　魏　武
责任校对　张月静
责任印制　刘　元　　葛红梅

出版发行　天地出版社
　　　　　（成都市锦江区三色路238号　邮政编码：610023）
　　　　　（北京市方庄芳群园3区3号　邮政编码：100078）
网　　址　http://www.tiandiph.com
电子邮箱　tianditg@163.com
经　　销　新华文轩出版传媒股份有限公司

印　　刷　北京瑞禾彩色印刷有限公司
版　　次　2024年4月第1版
印　　次　2024年4月第1次印刷
开　　本　710mm×1000mm 1/16
印　　张　18
字　　数　272千字
定　　价　100.00元（全4册）
书　　号　ISBN 978-7-5455-8062-4

目录 contents

超能力群：植物的神奇超能力
来自超能力植物的环境变化警告

史官群：植物也爱当史官
见证历史的孑遗植物

求救群：SOS，救救濒危植物
我真的还想再活 500 年

灵感群：植物教会人类的那些事
神奇的植物结构带给人类的灵感

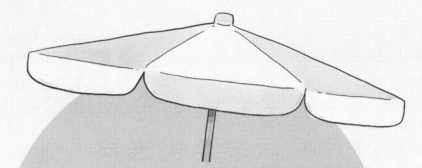

超能力群：
植物的神奇超能力

来自超能力植物的环境变化警告

植物生存在地球上，无时无刻不受到环境的影响，从而形成一些特殊形态。另外，这些植物的典型特征，也成了指示环境状态和变化的标志。尤其是当环境出现污染时，植物会立即产生相应变化，如同发送给人类的环境变化警告。比如当空气中二氧化碳浓度产生变化时，有些植物的花朵颜色也随之变化；当周边环境有辐射时，有些植物的花朵会随之变色；有些植物甚至会用生命为人类指示环境变化。这些植物的神奇超能力，为人类提供了很大的帮助。

苔藓
没有花香，没有树高，我是默默无闻的苔藓小苗苗。

1分钟前

♡ 郁金香、紫鸭跖草

牵牛：你可不是默默无闻，听说植物王国准备给你颁发给你颁发一个"二氧化硫指示小能手"的奖章呢！
苔藓回复牵牛：哎呀，我这算什么，你都收到了"二氧化碳指示小能手"的奖章了，也没有吹起喇叭唱起歌呢，我得学习你的低调。
牵牛回复苔藓：嘿嘿，低调低调。
郁金香回复牵牛：棒！
牵牛回复郁金香：听说你能监测氟化氢，可真是了不起。不过，你监测时，自己的叶片都被腐蚀了，付出的代价也真有点儿大啊。
郁金香回复牵牛：不光是我，苔藓也是这样，差不多半条命都没了。
紫鸭跖草：默默飘过。

3

超能力植物的特技交流会

我叫**郁金香**，也有人叫我"洋荷花"，因为我长得和荷花比较像。而且我的花朵颜色艳丽，花色繁多，深受人类喜爱。我虽然和牵牛一样都属于木兰纲，但我属于百合科大家族。

我叫**牵牛**，还有个外号叫"喇叭花"，因为我的花朵开放时很像一个大喇叭。我属于被子植物，来自木兰纲茄目旋花科大家族。我们家族原本生活在热带美洲地区，现在热带和亚热带地区都有我们的身影。

我叫**苔藓**，来自苔藓植物门大家族，通过孢子生殖的方式繁殖后代。我们家族成员的分布非常广泛，在世界很多地方都能看到我们的身影。

我叫**紫鸭跖草**，也叫"紫竹梅"，因为正常情况下我开的花朵是紫色的。我属于木兰纲鸭跖草科家族的一员。我们老家在墨西哥，现在其他地区也有人类栽培我们。

5

牵牛

花朵会变色的
二氧化碳浓度指示器

报告报告，此刻空气中二氧化碳浓度为：低。😄

牵牛在我国是一种比较常见的一年生草本植物。它的种子是卵状三棱形。牵牛的茎能够缠绕在其他植物或者物体上，向上攀爬生长。在夏秋时节，牵牛的枝蔓上就会开出喇叭形状的花朵。

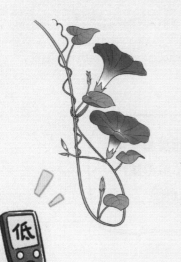

牵牛的花朵有一种神奇的变色能力，早上花朵是蓝色的，到了傍晚，花朵却变成了红色。这是为什么呢？

原来，牵牛中含有花青素，这种色素会变魔术——它遇到酸性物质时就会变为红色，而空气中的二氧化碳可以提高牵牛植株体内的酸度。

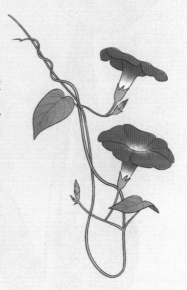

随着空气中二氧化碳浓度的升高，牵牛对二氧化碳的吸收量也逐渐增多。二氧化碳与水结合，形成碳酸，花朵中的酸性不断提高，颜色便由蓝变红了。

由于牵牛的这种神奇超能力，它被科学家选作空气中二氧化碳浓度的"指示剂"。当牵牛的花朵为红色时，这表示空气中二氧化碳浓度比较高；当花朵为蓝色时，这表示空气中二氧化碳浓度比较低。

郁金香 身体会变色的氟化氢警示器

> 警报警报：空气中氟化氢浓度严重超标！

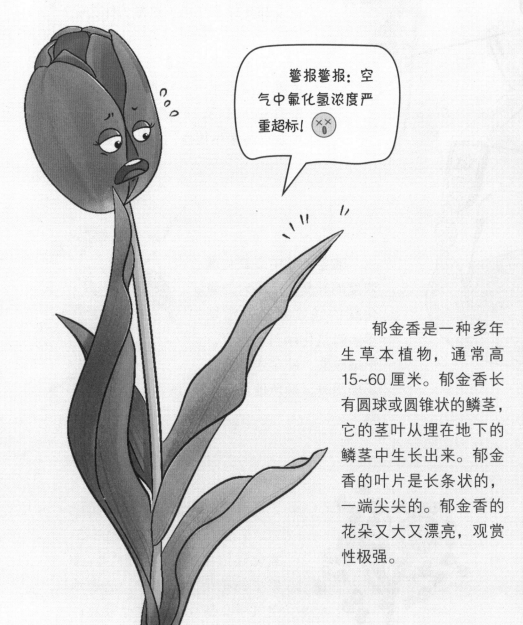

郁金香是一种多年生草本植物，通常高15~60厘米。郁金香长有圆球或圆锥状的鳞茎，它的茎叶从埋在地下的鳞茎中生长出来。郁金香的叶片是长条状的，一端尖尖的。郁金香的花朵又大又漂亮，观赏性极强。

郁金香有一种神奇的超能力，它对空气中的氟化氢非常敏感。

氟化氢是一种会对植物产生严重毒害的气体，它能够通过复杂的化学变化，造成植物叶片中叶绿素含量下降，引起植物缺绿症，还会造成植物叶片内的钙质反应以及植物体内物质运输的通道受阻。

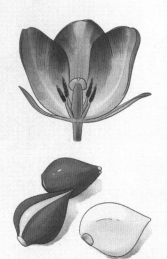

当大气中的氟化氢浓度超过环境卫生标准的15倍时，只需一天一夜，郁金香就会变得十分"焦虑"，叶尖和叶缘会出现油浸状褪色带，接着便全株枯黄，渐渐变成褐色。科学家利用郁金香对氟化氢的敏感性，把它作为监测氟化氢浓度的警示器。

苔藓

用生命探测二氧化硫浓度

苔藓是一类通常不太容易被人注意到的植物，它们大多成群生活在阴暗潮湿的地方。苔藓没有真正的根，也没有专门的输导组织，由于它们的结构比较简单，所以它们对大气污染物特别敏感，比如二氧化硫。

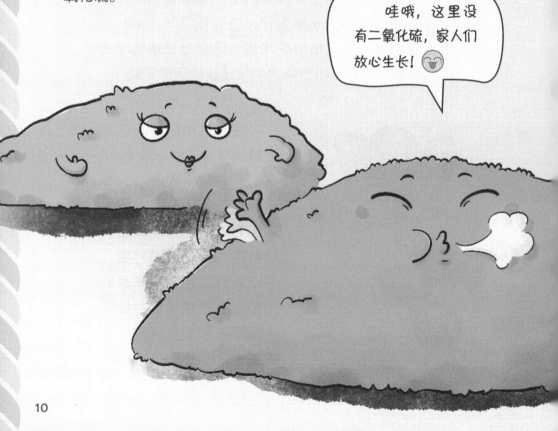

哇哦，这里没有二氧化硫，家人们放心生长！

二氧化硫是主要的大气污染物之一。火山爆发时会喷出二氧化硫，工业生产过程中也会产生二氧化硫。它是形成酸雨的主要原因之一，还会危害人体健康，是一种极具危害性的污染气体。

当大气中的二氧化硫浓度升高的时候，苔藓植物的种类、生长量都会减少，直至消失。有些专家认为苔藓植物可以作为大气中二氧化硫浓度的"探测器"。当苔藓植物长得很缓慢，甚至大面积死亡时，就表示二氧化硫的浓度过高。苔藓真的是在用自己的生命为人类指示空气污染状况啊！

紫鸭跖草

用花色转变做辐射的显示器

我变色了，我变色了，有辐射，有辐射！

紫鸭跖草是一种很特别的植物，它们全身上下茎叶都是紫红色的，7~9月份开的花朵也是淡淡的紫红色。将紫鸭跖草的三片叶子从基部拼在一起，看起来就跟鸭子的脚掌似的，这就是紫鸭跖草名字的由来，"跖"就是脚掌的意思。鉴于紫鸭跖草这种特殊的长相，人们通常栽培它们作为观花又观叶的观赏植物。

紫鸭跖草不仅形态长相特别，它还有一种特殊的能力——探测辐射。

紫鸭跖草对于人们看不见、嗅不到、听不着、察觉不出来的辐射非常敏感。紫鸭跖草的花平时是比较淡的紫红色，但当它受到一定剂量的放射性物质辐射时，就会变为白色，能清楚地显示出低强度辐射的影响，比起检测仪器来也毫不逊色。

知识卡包

牵牛与矮牵牛

许多人误以为矮牵牛是还没长大的牵牛，其实这是两个物种。牵牛属于旋花科，而矮牵牛属于茄科；牵牛是一年生草本植物，而矮牵牛是多年生草本植物。另外，不同矮牵牛的花瓣形状和花朵颜色也比牵牛要多。

荷兰的国花——郁金香

郁金香不仅是世界观赏花卉，还是荷兰的国花，与风车、木鞋、奶酪一起被称为"荷兰四宝"。每到郁金香开花时节，荷兰到处是各种颜色的郁金香争奇斗艳，人们还会举行很多活动来庆祝郁金香的丰收。

生命力顽强的苔藓

苔藓植物尽管长得非常不起眼，但它们顽强的生命力让人叹服。它们能够出现在不毛之地，比如地球南北两极的裸露岩石上；在遭到破坏之地，比如一场大火过后的林地上，苔藓植物可能是最先出现的。很多研究人员都在关注这类植物，因为它们有可能是人类探索太空、寻找更多栖息地的先锋植物。

家中有它，防蛇又防虫

紫鸭跖草不仅能探测辐射，还能防蛇和昆虫。家中或花园里种植的植物多时，容易招引蛇和昆虫，人们除了用药物来驱赶，还可以用种植紫鸭跖草的方式来驱赶，美观又实用。

圈一圈

请从下列图片中圈出不属于木兰纲的植物。

苔藓

紫鸭跖草

牵牛

郁金香

鲜苔 答案

史官群：
植物也爱当史官

见证历史的孑遗植物 〉

有这样一群植物，

它们穿越历史的尘埃出现在我们面前。

自远古时代走到今日，

它们见证了地球沧海桑田的变迁，

也在千万年时间的洪流中形成了各自独有的特点。

它们有的每一千年才开一次花，

它们有的是先作为植物化石被发现，

它们有的本身存在就很不合乎逻辑，

它们有的叶片形态简直令人无法想象。

它们是谁？

请跟我们一起来解开这些神奇植物的秘密吧！

苏铁

我正在参加"最具价值植物史官评选赛"，跪求朋友圈的各位亲朋好友投上珍贵的一票！我们家族已经见证了2.5亿年的历史，"最具价值植物史官"当之无愧。

1分钟前

♡ 鹅掌楸

水杉：人家评选的是最具价值，又不是时间最长，我们家族被称为"植物活化石"，最应该当选！

桫椤回复水杉：哼，我们桫椤是现存唯一一种木本蕨类植物，我们才应该当选。

水杉回复桫椤：啧，照你这么说，那我们也被叫作"活化石"呢！

鹅掌楸：唉，大家都活了这么久，一把老骨头了，还要为一些虚名争来争去吗？有空不如好好想想怎么活得更有意义吧。

史官植物的笔下见面会

我叫水杉，和苏铁一样，也属于裸子植物门，但我来自松杉纲松杉目杉科家族。我被誉为植物界的"活化石"，最先是在中国被科学家发现的。

我叫苏铁，又叫铁树，来自裸子植物门苏铁纲苏铁目苏铁科大家族，喜欢生活在热带、亚热带地区，是一种深受人类喜爱的观赏植物。

我叫**桫椤**，外号叫蛇木，来自蕨类植物门蕨纲真蕨目桫椤科大家族。我们家族成员主要生活在热带和亚热带地区，茎干可以长到6米以上。

我叫**鹅掌楸**，属于被子植物门木兰纲毛茛目木兰科植物，在海拔900~1000米的山地林中可以见到我们家族成员的身影，我们主要生活在中国中南部和越南北部。

苏铁 2.5亿年历史的地球史官

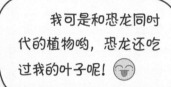

我可是和恐龙同时代的植物哟，恐龙还吃过我的叶子呢！

苏铁是一种常绿的木本植物，它的茎干粗壮，没有枝，叶片长度可达到2米，是我国传统的观赏植物。

苏铁生长缓慢，不耐寒冷，开花对环境条件要求比较苛刻，长江流域以及北方栽培的苏铁经常终生不开花，在中国南方热带及亚热带南部的苏铁也要树龄达到 10 年以上，才能每年开花结实。所以人们经常夸张地说"铁树开花，百年难遇"，来形容苏铁开花的不易。

在距今大约 2.5 亿年前，苏铁这种植物就出现了，它是与恐龙同时代的植物，很多种类甚至是植食性和杂食性恐龙的口粮。在地球发展的历史上，苏铁植物最繁盛的时期是在侏罗纪，而这个时期也是恐龙数量最多的时期，很多科学家甚至将这个时期称作"苏铁恐龙时代"。

水杉

先有化石后有名字的植物史官

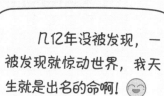

几亿年没被发现，一被发现就惊动世界，我天生就是出名的命啊！ 😊

水杉是一种落叶乔木，它的绿色条形叶片呈羽毛状，到了秋天，叶片会变成红褐色。水杉一般生活在河流旁、湿润山坡及沟谷等地区。

活化石

水杉被科学家发现的过程非常有意思。1939 年，科学家先是发现了一种植物化石，化石中的植物在亿万年前曾经在地球上生存过，但科学家认为现今这种植物已经灭绝了。但在几年后，科学家在我国湖北境内发现了一种科学史上没有描述过的树木，在详细研究后发现，这种树木正是之前植物化石中的植物。科学家把它命名为水杉，并给了它"活化石"的称号，意思是活着的化石植物。

水杉的发现得到了国内外植物学界、树木学界和古生物学界的关注、重视与高度评价，并被誉为"20世纪植物学的重大发现"。自从被发现，水杉就被当作"友好使者"在世界各国广泛种植栽培。目前已有近 80 个国家和地区引进种植了水杉。

桫椤 存在即是奇迹的植物史官

桫椤喜欢生长在海拔 260~1600 米的山地溪旁或疏林中，是一种多年生蕨类植物，繁殖方式是孢子繁殖，不结种子。桫椤也是现存仅有的木本蕨类植物，在现代，除桫椤以外的其他蕨类植物都是草本植物。

每每想到我们家族其他分支的兄弟姐妹们全都消失了，就有一种淡淡的忧伤浮上心头……

对于现在的草本蕨类植物来说，埋藏在地下的根状茎是下一年萌发生长的关键所在。但是，在历史上，蕨类植物并不是这样的。研究发现，蕨类植物在 4 亿年前已经出现，比恐龙出现得更早。那时候的蕨类植物不像现在这样低矮，也有很多高大健壮的品种，历史上甚至曾经有过"身高"超过 25 米的"大个子"蕨类植物。

但是，随着地球的变化，这些高大的蕨类植物慢慢都消失了，变成了深埋在地下的煤炭资源。虽然有些不可思议，但桫椤扛过了风风雨雨，一直生存到了现在，成为目前唯一一种身高能超过 6 米的木本蕨类植物，十分珍稀。因此，桫椤被我国列入重点保护名录。

鹅掌楸 叶片像马褂的植物史官

身穿绿马褂，头戴小黄花，亿万年历史心中记。

鹅掌楸是一种多年生乔木，可达到 40 米高。鹅掌楸的叶片形状很像古代的马褂，所以鹅掌楸也被称作马褂木。每年的 5 月，鹅掌楸会开出美丽的黄绿色花。

研究表明，鹅掌楸这类植物诞生于白垩纪，也就是恐龙生存与灭亡的那个时代。目前根据植物化石确定，当时至少有22种鹅掌楸，但到了现代，就只剩下2种了。

关于鹅掌楸种类数量的减少，科学家对现代仅存的2种进行研究，得出了一些有趣的结论。比如，尽管鹅掌楸开花不少，但是，只有1/100的花能够结出果实。"结果"困难，可能是鹅掌楸濒危的重要原因。

另外，在亚洲东部（比如中国）和美洲北部（比如美国），出现了不少植物种类上的类似，比如鹅掌楸和北美鹅掌楸。这种类似在其他地方极其罕见。科学家认为，这种情况可能暗示了东亚和北美两块大陆在很久很久之前是连在一起的。

苏铁二三事

你知道苏铁有哪些特征吗？首先，"树"如其名，苏铁在生长过程中非常喜欢铁元素。其次，苏铁要过很多很多年才能开花。这种现象被发现后，人们还总结了一个成语——铁树开花，比喻事情非常罕见或极难实现。

濒危的水杉

水杉发育迟缓，生长25年左右才能结出果实，种子的发芽率也非常低，这就导致水杉的数量增长极其缓慢。目前水杉已经被列入濒危植物名录，也是我国的一级保护植物。

孢子繁殖

　　桫椤是通过孢子繁殖的方式来繁殖后代的。孢子繁殖是指很多孢子植物和真菌等利用孢子进行的一种生殖方式。而孢子是它们产生的一种有繁殖或休眠作用的生殖细胞。

马褂的科普时间

　　马褂又叫"短褂""马墩子"，是流行于清代和民国时期的一种服饰，经常穿在袍服外面，衣长到肚脐，袖长到手肘，非常便于骑马，所以称为"马褂"。

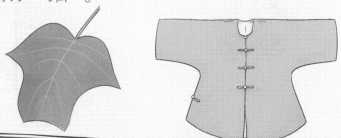

圈一圈

请圈出下图中的裸子植物。

苏铁

桫椤

鹅掌楸

水杉

答案：苏铁、水杉

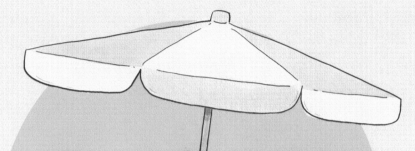

求救群：

SOS，救救濒危植物

我真的还想再活500年

地球是一个绿色的家园，全球绿色植物的种类大约有33万种。但其中有一些种类的数量很少，甚至越来越少，已经处于濒临灭绝的危险境地。

它们有的是因为经历了亿万年前的大灾难，有的是因为人类的过分掠夺，有的是因为繁衍后代出现了问题……总之，现在它们面临着严重的生存危机。让我们一起来了解它们，或许能够帮助这些植物战胜困难，走出困境！

银杉
现在我的亲友，全世界都不到 8000 株了。好可怜……

1分钟前

♡ 厚朴、降香

降香：我也是，我的亲友也好少。你为什么亲友少呢？
银杉回复降香：很早之前，地球上发生了一次降温，我的很多亲友被冻死了。你呢？
降香回复银杉：我的木材人类非常喜欢，就被砍了很多。我长得还慢，就变成现在这样了。
琪桐回复银杉：你说的那次降温，我也知道，我的不少亲友也在那时被冻死了。
银杉：是啊是啊，当时真的太冷了。你也是那次降温的受害者吗？ @厚朴
厚朴回复银杉：不是。虽说我也经历过那次降温，但是我的亲友少，降温不是主要原因。
银杉回复厚朴：那是什么原因啊？
厚朴回复银杉：因为我想结出一个果实来，太难了！

濒危植物的聚会

我叫珙桐，我还有一个外号叫"鸽子树"，因为我开的花像一只只白鸽。我属于被子植物门木兰纲蓝果树科家族，是一种多年生乔木。

我叫**银杉**，属于裸子植物门的松科大家族。我是一种常绿乔木，高度能达到20多米，喜欢生长在我国南方海拔900~1900米的山区。

我叫**降香**，也有人叫我黄花梨，我也属于被子植物门木兰纲，但我是蝶形花科家族的一员。我是一种药材，同时用我身上的木材做成的家具也十分受人们欢迎。

我叫**厚朴**，和降香、珙桐一样，我也属于被子植物木兰纲，但我来自木兰科家族。我不仅能像降香那样做家具，也能做药材呢。

银杉 种子数量减少，国宝植物遭遇危机

可恶的松鼠，快走开，种子都快被你吃光了！

银杉是距今200多万年前第四纪冰期残留下来的植物，是我国特产的稀有树种，主要分布在广西、湖南、重庆、贵州等地。银杉是国家一级保护植物，被植物学家称为"植物熊猫"，和水杉、银杏一起被誉为植物界的"国宝"。

根据最新的调查结
果，在我国亚热带山地
存活的银杉中，高度超
过 1 米的不超过 5000
株。另外，这些银杉一
小片一小片地散状分布，
无法连成大片。

　　银杉球果中的种子是银杉繁殖新个体的唯一途
径。但是银杉的种子是松鼠非常喜爱的食物。研究
发现，松鼠采食银杉球果的过程不是随便选择，而
是依据球果中的种子数量来选择的。在绝大多数情
况下，松鼠会选择种子较多的球果，并将这个球果
摘下或者啃掉，造成种子被破坏。种子数量的减少，
是导致银杉濒危的主要原因。

珙桐

肆意伐掠和生存条件苛刻,
珙桐危机重重

唉, 生存不易,
珙桐哭泣。

　　珙桐是我国特有的植物, 被称为 "中国的鸽子树", 这个外号和珙桐的花有关。珙桐的花很有特点, 花序基部的苞片成熟后是白色的, 长 7~15 厘米, 宽 3~5 厘米, 宽宽大大, 很像白鸽的翅膀。有风吹过的时候, 枝头上的苞片轻轻摇动, 就像白鸽在树上摆动翅膀。

珙桐也是从第四纪冰期存活下来的植物，现在属于我国珍稀濒危保护物种，被列为我国一级保护植物。

　　研究发现，珙桐的濒危有好几方面的原因。首先，在自然状态下珙桐种子萌发成幼苗的比例非常低。珙桐的果实中通常仅有1~3枚种子发育成熟，而且大多数胚发育到一定时间后便停止生长。好不容易发育成幼苗的珙桐，在不同的生长阶段，对光照量的需求也有差别。在幼年期（10岁之前），珙桐需要生长在没有强烈光照的环境中，否则生长速度会变得特别缓慢。过了幼年期，珙桐生长需要的光照量增加，微弱不充足的光照反而会对珙桐的生长不利。此外，珙桐是世界著名的观赏树种，而且木材价值非常高。过去，人们为获得经济利益，大量砍伐珙桐、破坏及挖掘其野生苗，这也造成珙桐分布面积急剧下降。

降香

过度砍伐，名木面临灭绝

不能因为我太优秀，就这么欺负我。

降香是我国海南省的珍贵特产树种，原产于海南岛吊罗山、尖峰岭等地的低海拔平原和丘陵地区，目前在越南和我国的西南部分地区也有种植。降香是一种落叶乔木，通常高10~25米。

降香的木材也叫黄花梨木，纹理细密清晰，木纹中经常会有很多木疖，这些木疖中有一些很特别的纹理，有的像狐狸头，有的像老人头，而且这种木材还能散发出一种沁人心脾的香味，是制作家具的名贵木材。早在唐代，人们就意识到降香很适合制作家具，大量降香被砍伐用于制作皇室宫廷家具。

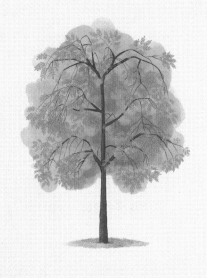

到17世纪时，海南岛野生降香已被过度采伐，20世纪末濒临灭绝，被国家列为二级保护植物。2013年降香被列入《濒危野生动植物种国际贸易公约》中，如果对降香贸易不加以妥善管理，这些种类就存在彻底灭绝的危险。目前，我国以及东南亚部分国家已经开始对降香进行保护研究，并制定具体保护举措。

厚朴

开花、传粉、结果三重阻挠，未来存续堪忧

厚朴是一种多年生落叶乔木，高达 15 米，是我国的特有树种，主要生长在海拔 300~1400 米的树林中。《本草纲目》记载，因为木质朴而皮厚，所以这种树得名"厚朴"。

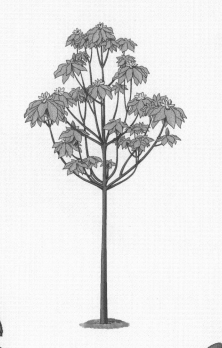

科研人员研究发现，厚朴的一朵花中既有雄蕊也有雌蕊，但是雌蕊和雄蕊并不是同时成熟的，而且雄蕊的位置在下方，雌蕊的位置在上方。在自然状态下，花粉会向下掉落，或者向偏下方向飞落。而厚朴的雌蕊位于上方，很不利于花粉的自然传递。

另外，厚朴的开花数量也较少。研究发现，厚朴在盛花期每天的开花数量也只有0.8朵~11.8朵。与此同时，厚朴结出种子的情况与光照有关。研究发现，在同一棵树上，南方位和东方位结出的果实，在各种性能指标上（比如果实大小、果实重量、每个果实中的种子数量、种子重量等）都比西方位和北方位要好，尤其是北方位果实在性能指标上最差。这些原因造成了厚朴在自然状态下繁殖比较困难，目前已成为我国的二级保护植物。

冰川时代的幸存者

在距今 200 多万年前，地球经历了一段极为寒冷的冰期，许多动物、植物因此灭绝。银杉生长的地区受寒冷的外部环境的影响比较小，得以幸存。人们首先发现的是银杉变成化石后的遗迹，也就是植物化石，直到 1955 年才发现了现存的银杉植物。

小苞片大作用

珙桐的花朵中像白鸽翅膀的部分不是花瓣，而是苞片。苞片又叫苞叶，通常生长在花或者花序中，是一种叶状的小骨片。小小的苞片却有大作用，它们不仅能够以独特的颜色和气味吸引传粉昆虫，还能够保护花蕊，从而使花粉保持活力。

中国名木知多少

除了降香，我国还有许多用于做家具的名贵木材。比如产自长江以南地区的香樟木、具有独特纹理的鸡翅木、产自东北地区的桦木、产自中部地区的黄杨木、与降香一样带有特殊香味的楠木等。

全球大灾难——第四纪冰期

在距今200多万年前的第四纪冰期，气候寒冷，地球南北两极的冰盖面积非常大，北欧、北美和亚洲北部均在辽阔的冰盖掩埋之下，许多生物种类因此灭绝。

圈一圈

请从下列植物中圈出被子植物吧!

银杉

珙桐

厚朴

降香

答案：珙桐、厚朴、降香

灵感群：
植物教会人类的
那些事

神奇的植物结构带给人类的灵感

自然界的植物都有各自不同的特点，有些植物还具有一些非常特殊的结构。这些结构或许在大多数人眼里平淡无奇，但在那些发明创造家眼里，简直就是奇迹！比如，莲的叶片结构能够帮助我们登陆火星，白茅边缘的结构能够帮助我们提高工作效率，王莲的结构能够帮助我们构建牢固的支撑结构，苍耳果实的形态能够帮助我们设计出方便的搭扣。

让我们一起来认识一下这些平凡植物的神奇结构吧！

白茅
几千年前，我的祖先划破了一个人的手，今天我才知道，这个人居然是木匠的鼻祖鲁班！

1分钟前

♡ 王莲、苍耳

王莲：我也认识一个大人物，他根据我的结构设计出了一个美轮美奂的水晶宫。

莲：我虽然不认识什么大人物，但我的叶片居然与火星车有关，这简直是我们全池塘的骄傲！

苍耳：也有人根据我的果实形态，设计出了尼龙搭扣，可是它为什么不叫苍耳搭扣呢？我是有专利的！

(8) 特殊贡献植物奖评选大会

我叫**白茅**，也有人叫我茅根、茅草。我来自被子植物门百合纲莎草目禾本科大家族，我们家族成员的身高通常为20~80厘米。

特殊贡献植

我叫**王莲**，来自被子植物门木兰纲睡莲目睡莲科大家族，是著名的水上观赏植物，花朵很大，直径能达40厘米。

52

我叫**苍耳**，也属于被子植物门木兰纲植物，但我是菊目菊科家族的一员。我们家族成员身高通常为 20~120 厘米。

物奖评选大会

我叫**莲**，又叫荷花，和王莲一样属于被子植物门木兰纲植物，但我来自山龙眼目莲科家族。我们家族成员分布范围广阔，在亚洲和大洋洲都能看到我们的身影。

白茅 叶片的锯齿状结构，启发人类发明锯子

白茅是一种多年生草本植物，通常生长在路旁、山坡、草地上，既常见又普通。白茅长着披针形的叶子，质地比较硬，看起来也没有什么特别的地方。但就是这样平淡无奇的白茅，叶子却在木工和建筑史上立了大功。

别看我长在路边不起眼，人类能造出锯，还是我教会的呢！😊

很多资料中都记载着，中国建筑鼻祖、木匠鼻祖——春秋时期的鲁班，能够发明出锯子与白茅的叶子有很大关系。这是怎么回事呢？

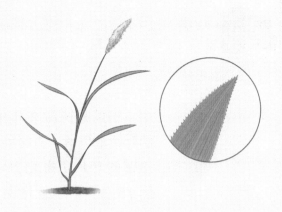

传说有一天鲁班在山路上攀爬时，手不小心被割破了。他低头一看，手里抓的是白茅的叶子。鲁班不相信柔软的小草能够割破他的手，于是他又抓住几根白茅，用力一抽，只见手掌又被划了几道口子。

这种神奇的现象引起了鲁班的注意，他仔细观察后发现，白茅叶子的边缘上有许多排列整齐的细齿，鲁班的手就是被这些锋利的细齿割破的。受到这种启发，鲁班找铁匠帮忙，打了一条带有细锯齿的铁片，用它来切割木材，省时又省力。能够大大提升工作效率的锯子，就这样在白茅叶子的启发下被人类发明出来了。

王莲
神奇的叶脉结构，启发人类建造水晶宫

　　王莲是一种多年生浮水植物。成年王莲的叶片非常大，直径能达到 2 米。研究发现，王莲的叶片负重能力特别强，最大负重能达到 75 公斤。也就是说，在王莲的叶片上坐一个 10 岁以下常规体重的儿童，一点儿问题都没有。

　　王莲的叶片是怎么实现这种超强负重的呢？奥妙就在于叶片背面的叶脉。

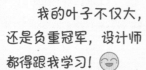

我的叶子不仅大，还是负重冠军，设计师都得跟我学习！😄

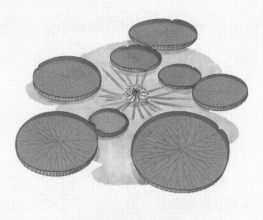

将王莲的叶片反过来，能够看到它的叶脉非常粗壮，突起在叶片的表面，掌状叶脉从中心向外发散，彼此之间有细小的脉络相互连接，就像形成一个网状的骨架似的。同时，在叶脉中还有充满空气的小腔——气室，能够帮助叶片稳稳地浮在水面上。正是这种神奇的叶脉结构，让王莲的叶片能够负载重物。

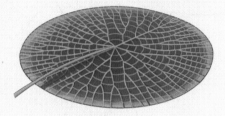

受到王莲叶片结构的启发，英国设计师约瑟夫·帕克斯顿设计出了一个顶棚跨度很大的展览大厅——"水晶宫"。结果这座原本为展品提供展示空间的场馆，因其雄伟壮观又精巧的结构，成为1851年第一届万国工业博览会上最成功的展品。

莲

叶片的独特结构，启发设计太阳能板的清洁功能

雨打莲叶成水滴，这种能力可不是谁都能有的，连太空中的火星车都来我这里偷师呢。😄

在雨天，莲的叶片会展现出一种特殊的能力：雨滴滴落在莲叶上时，并不会分散成一大片水迹或形成一道水流，而是变成了一个个的圆形小水珠。这种现象的形成与莲叶表面的特殊结构是分不开的。

20 世纪 70 年代，德国波恩大学的植物学家巴特洛特在研究莲叶时发现，把叶片放在显微镜下，能够看到它的表皮上生有无数个蜡质乳头状的突起，这些突起由纳米级颗粒构成，它们能够使水珠与叶面的接触角度超过 150 度，水珠由于与叶面的接触面非常小，因此不会润湿叶面，而表现出一种超疏水性。这种结构还让莲叶表面具有独特的自我清洁功能。

莲叶的这种结构，给了航天科学家很大启发，他们把这种结构运用在了火星车上。

科学家在"祝融号"火星车太阳能板的表面，设计了一层微结构膜。这层膜的结构与莲叶表面的结构非常类似，能够大大减少火星尘埃与电池板表面的摩擦。另外，因为表面摩擦力非常小，所以太阳能电池板的除尘清洁只需要一步——那就是把太阳能板竖起来，沙尘便会自己滑落。

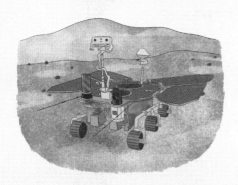

苍耳

倒钩状果实，启发人类发明尼龙搭扣

明明是跟我学的，为什么不叫苍耳搭扣啊？我不服！

苍耳是一种一年生的草本植物，是很常见的田间杂草，但苍耳的果实很特别。苍耳的果实表面长着钩状的硬刺，当人或动物从苍耳旁边经过时，苍耳就会贴附在动物和人的身体上，一旦贴附上就不容易摘落。

苍耳果实的特别不仅体现在形态上，还体现在它和尼龙搭扣的发明密切相关。

瑞士工程师乔治·德·梅斯特拉尔生活在 20 世纪 40 年代末，他经常带着自己的爱犬到森林中漫步，每次返回时他都发现裤子和狗身上粘满了苍耳、牛蒡等刺果。

受好奇心的驱使，乔治用显微镜观察苍耳，他发现苍耳上无数的小钩子都挂在了裤料的毛圈结构里，所以没法轻易脱落。受此启发，乔治经过 8 年的实验，终于发明了既容易系上又容易解开的尼龙搭扣。

白茅的顽强生命力

白茅主要靠根茎扩展进行繁殖，有时也用种子繁殖，经常大面积繁殖成纯群落。白茅的生命力十分顽强，根状茎被铲断丢弃在土中，遇到水分又会成活；根即使风干，埋入湿润土壤中，白茅仍然能成活。

王莲——善变的女神

王莲是著名的水上观赏植物，它硕大的叶片引人注目，美丽的花朵也惹人喜爱。王莲的花朵花期通常有3天，这3天里花朵的颜色每天都不同。第一天傍晚时，白色花朵绽放并伴随芳香阵阵；第二天花朵颜色变成了粉红色；到了第三天，花朵颜色成了紫红色，接着花朵闭合凋谢沉入水中，种子在水中成熟。鉴于王莲这种奇特的花朵变色特性，人们称呼它为"善变的女神"。

莲与莲的不同

　　很多人对莲的分类是根据花朵的颜色，比如白莲、粉莲等。但其实抛开颜色，按照栽培目的，莲也能分成三大类：藕莲、子莲和花莲。藕莲主要产藕，可以分为浅水藕和深水藕。子莲主要采收莲子，这种莲开的花多是单瓣的。花莲主要是供人观赏和药用，花朵又大又美，花色丰富。

小小苍耳功劳大

　　苍耳不仅果实能启发人类发明尼龙搭扣，它的种子也作用多多。苍耳种子可以榨油，可以制作油漆，还可以作为油墨、肥皂的原料。此外，苍耳种子还有一定的毒性，对杀害棉蚜、红蜘蛛等害虫很有效。

趣味充值

选一选

下列植物中不属于木兰纲植物的是（　　　）。

A. 苍耳　　B. 王莲　　C. 白茅　　D. 莲

连一连

请把以下各植物和人们受它启发创造而成的物品连起来。

 王莲

火星车太阳能板

 白茅

水晶宫

 莲

尼龙搭扣

 苍耳

锯

答案　选一选：C
连一连：王莲对水晶宫，白茅对锯，莲对火星车太阳能板，苍耳对尼龙搭扣